U0174066

先进串联型电压质量控制器理论及应用

涂春鸣　姜　飞　郭　祺　肖　凡　兰　征　著

科　学　出　版　社

北　京

内 容 简 介

"双碳"目标下电网安全、可靠、经济、高效运行问题值得持续关注。串联型电压质量控制器与电网形成两端甚至多端连接，耦合程度高，运行时直接影响电网电压和潮流，可以有效实现电压波动治理、潮流灵活调控和故障过电流限制等。然而，串联型电压质量控制器的有效运行时间短、设备利用率低，以及入网方式的特殊性导致其易承受网侧过压、过流的冲击，可靠性问题显著。为有效解决串联型电压质量控制器效率优化、利用率与可靠性提升等关键基础问题，本书从基础理论、关键技术及工程范例三个方面，系统性介绍了先进串联型电压质量控制器的理论研究和应用情况，进一步推动串联型电压质量控制器的工程实用化。

本书可供电力电子技术、电能质量控制技术等领域的相关学者、广大师生、工程师和设备制造商参考。

图书在版编目(CIP)数据

先进串联型电压质量控制器理论及应用 / 涂春鸣等著. —北京：科学出版社，2023.12

ISBN 978-7-03-074935-2

Ⅰ. ①先… Ⅱ. ①涂… Ⅲ. ①电压控制-控制器 Ⅳ. ①TM921

中国国家版本馆CIP数据核字(2023)第031662号

责任编辑：冯晓利 / 责任校对：王萌萌
责任印制：师艳茹 / 封面设计：无极书装

科 学 出 版 社 出版
北京东黄城根北街 16 号
邮政编码：100717
http://www.sciencep.com

北京中科印刷有限公司 印刷
科学出版社发行 各地新华书店经销
*
2023 年 12 月第 一 版 开本：720 × 1000 1/16
2023 年 12 月第一次印刷 印张：10 1/2
字数：212 000
定价：118.00 元
(如有印装质量问题，我社负责调换)

前　言

随着以新能源为主体的新型电力系统建设的不断深入,高渗透率可再生能源、高比例电力电子设备逐步形成配电网的新特征。然而,新能源比重的持续提高、电力电缆的大量使用以及电动汽车等非线性负载的广泛接入,使得电网网架结构不断复杂,短路容量不断提高,电压暂升、暂降问题日益突出,有源配电网的安全、可靠、经济、高效运行面临新的机遇与挑战。

串联型电力电子装置与电网形成两端甚至多端连接,耦合程度高。串联型电力电子装置可以是某种可变阻抗(如电容器、电抗器等),或某种基于电力电子变换技术的可控电压源(可工作于所需的基波、次同步或谐波频率下,实现对线路潮流、端口电压、故障电流等的灵活调控)。自 1986 年柔性交流输电系统(FACTS)概念提出以来,国内外学者围绕串联型电能质量控制器在配电网中的应用进行了大量的研究和探索,如晶闸管控制串联补偿器、静止同步串联补偿器、统一潮流控制器、动态电压恢复器、串联型有源滤波器、统一电能质量控制器、串联型电力弹簧、串联型阻抗测量装置等已经逐步渗透到配电网的各个环节,为有源配电网的高质高效运行提供了重要技术支撑。

总的来说,串联型电力电子装置的独有特征使其在配电网中具有较好的应用前景。一方面,电压波动、接地故障等对负荷与电网的危害大,但发生频次低、持续时间短,固态限流器、动态电压恢复器等典型串联型电能质量治理装置的有效运行时间占比极小,其长期处于热备用状态,还将带来大量的附加损耗。另一方面,串联型电力电子装置接入电网方式的特殊性,使其在投退瞬间,以及模态切换瞬间易对接入端电压幅值/相角产生影响,也极易受接入馈线下游接地、短路等故障威胁。因此,串联型电能质量控制器在可靠性、稳定性以及设备利用率等方面与并联型电力电子装置依然存在差距,严重阻碍了其走向工程实用化的步伐。

为了有效解决串联型电能质量控制器实用化进程中面临的功能单一、设备利用率低、可靠性差等瓶颈问题,自 2013 年底以来,作者长期面向有源配电网高质高效发展的迫切需求,在国家自然科学基金项目(52377166、52007059)、湖南省教育厅优秀青年项目(20B029)等的大力支持下,重点开展了串联型电压质量控制器功能拓展、性能提升等方面的研究。基于此,本书将重点分享作者在先进串联型电压质量控制器的新拓扑、新技术、新方法以及工程应用案例方面的一些成果和经验,主要包括:

(1)阐述了典型串联型电压质量控制器的工作原理,详细分析了串联型电压质量控制器输出能力的影响因素，并在其输出边界定量刻画的基础上，制定了串联型电压质量控制器的平滑启停控制策略以及高性能输出方法。

(2)提出了具备故障限流能力的多功能串联型电压质量控制器拓扑构建方法，构建了基于滤波电感复用与基于直流侧泄放支路复用的多功能串联型电压质量控制器，提出的优化运行方法保障了其在不同模式下均能有效运行，并实现了不同模式间的灵活切换。

(3)探究了多功能串联电压质量控制器的关键参数设计，介绍了多功能串联电压质量控制器的样机研制、现场安装情况及工程试验方案。

本书旨在唤起相关科研人员对先进串联型电压质量控制器研究的关注，期冀为国内外对串联型电压质量控制器以及多功能复合系统感兴趣的相关学者、工程师和设备制造商提供有益参考。本书既可作为学习和研究电力电子技术的参考书，又可作为解决工程实际问题的手册，并希望对有关前沿技术的研究有所启迪。另外，希望本书为提升智能电网设备利用率和安全高效运行能力开辟一条新途径，形成一套新的电力电子装备研究及应用方法，助力电力电子装备技术的创新升级。

本书的顺利完成得益于一个志同道合的团队，大家逐字逐句地斟酌，力求用通俗的语言简明扼要地阐述关键技术和理论创新工作。本书由涂春鸣牵头制定了全书大纲和章节安排，并撰写第 1 章；郭祺撰写第 2 章和第 3 章；姜飞撰写第 4 章和第 5 章，兰征、肖凡分别负责撰写第 6 章、第 7 章；湖南大学侯玉超、黄泽钧等，长沙理工大学彭星、彭伟亮等研究生参与了全书文字和图形校核工作。感谢国家自然科学基金、云南电网有限责任公司等对本书相关研究的资助。

在著作付梓之际，笔者借此机会对所有参与本书公式编辑、图形绘制、校稿的编辑同志致以深深的谢意！

由于笔者水平所限，书中疏漏之处在所难免，恳请广大读者不吝指正。

作　者

湖南 长沙

2023 年 3 月

目　　录

第1章 绪 论

构建以新能源为主体的新型电力系统是促进我国新能源开发利用，推动我国能源结构调整的重要战略。随着新能源、储能、电动汽车等通过电力电子装置大量接入配电网，电力电子装置已经渗透到电网电能生产、传输、利用的各个环节[1-3]，使得电网电力电子化的趋势越来越明显，不仅带来了灵活、智能、柔性等优势，还带来了一系列的新问题与挑战[4, 5]。如新能源出力的间歇性、不确定性等使得电压质量问题趋于复杂[6]；大量电力电子型负荷的接入使得用电端应对供电扰动的耐受力被不断削弱[7]；新形势下配电网内部潮流情况复杂、运行状态更易受自然环境及负荷不确定性影响[8]。配电网高比例电力电子装置和高比例新能源的"双高"特征，将引起电能质量向宽频域、强耦合、强时变的新特征发展，给新能源消纳与配电网运行带来新的挑战。其中，串联型电力电子装置与电网形成两端甚至多端连接，系统耦合程度高，已成功应用于电网潮流优化调控、故障限流、电压质量治理等方面，可有效解决电网潮流分布不均、短路容量不断提高、电压波动复杂且频次增多等新的问题。可见，串联型电力电子装置具有广阔的应用前景，该领域关键技术的研究极具价值，对新一代电网安全可靠、优质高效发展具有重要意义。本章将简要介绍串联型电力电子装置的分类、发展历程以及先进串联型电压质量控制器面临的机遇与挑战。

1.1 串联型电力电子装置简介

串联型电力电子装置可以是某种可变阻抗(如电容器、电抗器等)，或某种基于电力电子变换技术的可控电压源，这种可控电压源可工作于所需的基波、次同步或谐波频率下，实现对线路潮流、端口电压、故障电流等的灵活调控。基于自身功能特点以及拓扑中有无电压源型变流器(voltage source converter，VSC)的串联型电力电子装置基本分类如图 1.1 所示。

1.1.1 潮流调控装置

自 1986 年柔性交流输电系统(flexible alternative current transmission systems，FACTS)概念提出以来，多种用于潮流控制的电力电子装置被相继研发，主要有晶闸管控制串联补偿器(thyristor controlled series capacitor，TCSC)[9-14]、静止同步串联补偿器(static synchronous series compensator，SSSC)[15-21]、统一潮流控制器(unified power flow controller，UPFC)等[22-27]。

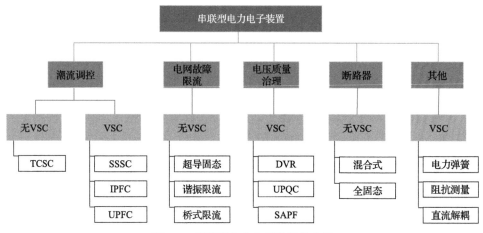

图 1.1 串联型电力电子装置的分类

TCSC 是 20 世纪 70 年代提出来的第一代 FACTS 装置[28]，其在提高输电线路输送功率、改善电网潮流分布、提高电网的暂态稳定水平以及抑制低频振荡和次同步振荡等方面发挥了重要作用。1991 年，由 ABB 公司制造的首个机械开关控制的串联电容器补偿装置在美国 AEP 电网的 Kanawhariver 变电站投入运行。1992 年，由西门子公司和美国西部电力局联合开发的 TCSC 装置在 Kayenta 变电站投入运行，该项目是世界首个可以连续控制的 TCSC 装置。1997 年，为有效抑制低频振荡的问题，巴西在南北电网互联工程中的 500kV 高压输电线路上投入 TCSC 装置[28]。我国在 TCSC 方面也取得了一定的成绩。2003 年，中国第一套 TCSC 装置在南方电网投入运行，承受电压等级为 500kV，可控部分补偿度为 5%。2004 年，由中国电力科学研究院有限公司自主研制的 TCSC 装置在西北壁口—成县 220kV 电网投入运行，可控部分补偿度为 50%，是当时世界上可控部分补偿度最大的工程。2007 年，由国内自主开发的 TCSC 装置在东北电网伊敏—冯屯双回 500kV 线路上投入运行，补偿容量为 652Mvar[28]。

SSSC 是由美国西屋科技中心于 1989 年首次提出的一种基于全控器件的电压源逆变器[29]。它是一种不含外部电源的静止同步无功补偿设备，其串联接入输电线路并产生与线路电流正交、幅值可控的电压，可以实现精确控制线路电流、最大化电网传输能力以及优化潮流的目的。与 TCSC 相比，SSSC 具有固有的抗干扰能力及良好的潮流控制效果，可以对输出电压进行平滑调节且能更快速地响应控制指令。相对于 TCSC 装置的工程应用情况，国外目前没有独立的 SSSC 投入运行，其更多的是作为一种辅助运行方式存在于 UPFC/可转换静态补偿器(convertible static compensator，CSC)[30]。1988 年在美国电力公司的 Lnez 变电站投运的 UPFC，以及 2002 年在纽约电力管理局的 Marcy 变电站投入运行的 CSC 都集成了几种

FACTS 装置的功能，其体现对潮流和稳定控制的关键组成部分就是 SSSC。实际上已经投运的两个 UPFC 工程以及一个 CSC 工程都有单独作为 SSSC 运行的方式[31]。2018 年 12 月 6 日，天津石各庄 220kV 静止同步串联补偿器示范工程顺利完成 168h 试运行，该装置容量 30MV·A，实现了输电线路及输电断面功率均衡、限流等灵活调节功能，解决了高场—石各庄双线潮流分布不均、电力输送能力受限的问题，增加了南蔡—北郊供电分区内 10% 的供电能力，提高了系统安全稳定裕度[32]。

UPFC 的概念于 1991 年由美国首次提出，可同时实现电网潮流控制、母线电压控制等功能[33]。基于 UPFC 衍生出的其他类型装置，如馈线间潮流控制器 (interline power flow controller，IPFC)，这里不做过多介绍。我国首个自主知识产权的 220kV 和 500kV UPFC 示范工程分别于 2015 年 12 月和 2017 年 12 月在江苏电网顺利投运[34-36]。

1.1.2 电网故障限流保护装置

电网互联程度的增强缩短了电力系统的电气距离，电磁环网和系统阻抗不断减少，电网中电力设备的安全必将受到日益增大的系统短路电流的威胁[37]。20 世纪 90 年代，一种基于电力电子技术的故障限流器 (fault current limiter，FCL) 方案被提出[38]，该方案在电网未发生短路故障时，对基波呈现低阻抗，不影响电网正常运行，在电网发生短路故障时，对基波呈现高阻抗，实现短路电流限制。自从 1993 年门极关断晶闸管 (gate turn-off thyristor，GTO) 式限流器被提出之后[39]，国内外相关学者针对各类固态限流器开展了大量研究工作，大体可分为 GTO 式限流器[40]、可变阻抗式限流器[41]、谐振式限流器[42,43]、超导限流器[44]、混合式限流器、桥式限流器等[45-51]。

如图 1.2 (a) 所示为 GTO 开关式故障限流器，由一组反并联 GTO 与限流电感 L 并联组成。正常情况下 GTO 处于闭合状态；故障时 GTO 处于断开状态，故障电流转移至电感 L 支路，实现限流目的。然而，这种限流器需采用昂贵的 GTO，保护电路需要具有极快的响应速度，并且 GTO 快速截断可能引起极大的电流变化率 (di/dt) 和电压变化率 (dV/dt) 冲击，且应采用必要措施抑制附加振荡。

谐振式故障限流器分别利用串联谐振电路的阻抗为零、并联谐振电路的导纳为零的特点设计。以并联谐振式限流器为例，如图 1.2 (b) 所示，正常工作时，电力电子器件 (GTO1 和 GTO2) 导通；发生短路故障后，GTO 关断，L 与 C 发生并联谐振，短路电流被转移到谐振电路，从而达到限流的目的。然而，这种限流器的电力电子器件必须选择高压大容量可关断器件，成本高。

如图 1.2 (c) 所示为可变阻抗式 FCL。正常时，L_1 与 C 串联谐振，晶闸管控制电抗器 (TCR) 关断，线路等效阻抗为零；故障时，TCR 开通，通过改变晶闸管的触发角来调节线路等效阻抗值，使得 L_2 与 C 并联谐振，线路阻抗很大，可实现故障限流作用。然而，控制 TCR 触发角与等效阻抗大小关系较复杂，不利于现场实施。此外，图 1.2(b)与图 1.2(c)所提拓扑结构参数设计复杂，易受电网参数变动的影响。

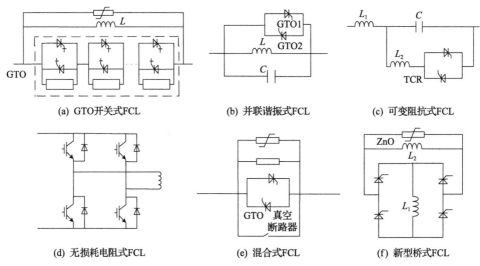

(a) GTO开关式FCL　　　　　(b) 并联谐振式FCL　　　　　(c) 可变阻抗式FCL

(d) 无损耗电阻式FCL　　　　(e) 混合式FCL　　　　　(f) 新型桥式FCL

图 1.2　固态限流器的典型拓扑

华东冶金学院于 1994 年提出的一种无损耗电阻式故障电流限制器，如图 1.2(d)所示。该拓扑由绝缘栅双极型晶体管(IGBT)和续流二极管组成，无损耗电阻器由电感或电容模拟而成，通过脉宽调制(PWM)技术控制 IGBT 开关频率来调节该桥路的"等效阻抗"，其特点是在工作过程中不产生功率损耗和焦耳热量，可迅速高效限制短路电流的峰值和稳态值。

混合式限流器近年来得到了快速发展，图 1.2(e)为一种混合式 FCL，采用 GTO 与真空断路器联合实现故障限流。其充分利用了机械开关过流能力强、电力电子开关动作快速的优势，为进一步提高固态限流器容量及耐压水平提供了有益借鉴。

如图 1.2(f)所示为一种新型桥式 FCL，其由 4 个半控器件构成桥路，L_1 为直流限流电感，L_2 为旁路电感，可通过控制各晶闸管触发脉冲相位使桥路工作在不同状态，从而达到限流的目的。该拓扑在正常运行时不产生附加压降，发生短路故障时限流阻抗能够自动插入，响应速度快。新型桥式 FCL 缩短了桥路失控时间，减小了直流电感尺寸，有助于减小设备重量、体积及降低投资成本。

1.1.3　电压质量治理装置

据统计，由电压跌落引起的事故次数大约是由电压中断引起的事故次数的 10 倍。相比于其他暂态电压质量问题，电压跌落的影响不容忽略，并已受到广泛关注[52-55]。作为一种可有效解决电压质量问题的串联型电力电子装置，动态电压恢复器(dynamic voltage restorer，DVR)可在数毫秒内对电压跌落问题进行处理，保证供电品质[56]。基于此，通过 DVR 与有源电力滤波器相结合得到一种高效运行的电力电子装置，其被称为统一电能质量控制器(unified power quality controller，UPQC)[57-60]，UPQC 可以解决电网中的电压和电流质量问题[61,62]。

1996 年，美国西屋电力公司在西部电子展览和会议上首次发表了 DVR 的研究报告以及实验结果[63]。同年 8 月，世界上第一台 2MV·A 的 DVR 在美国北卡罗来纳州 Duke 电力公司投入工业运行[64]。ABB 公司于 2000 年在以色列一家著名的微处理器制造厂投入当时世界上最大的两套 DVR，其单套容量为 22.5MV·A，该 DVR 的响应时间小于 1ms，可补偿持续时间达 500ms 的三相电压凹陷的 35%和单相电压凹陷的 50%；Siemens 公司于 1999 年 5 月在加拿大 Dawson Creek 地区一条 12.5kV、500kV·A 的配电线上安装了世界第一台面向配电线路的紧凑式 DVR[65]。自 1998 年起，清华大学、华北电力大学等高校一直致力于 DVR 的样机研发工作。清华大学研制了基于超导线圈储能的一台 150kV·A/0.3MJ 低压 DVR 样机[66]。中国电力科学研究院有限公司将蓄电池和超级电容器进行合理配比后应用于低压 DVR 系统上，使其性价比达到最优。中电普瑞科技有限公司开展了 10kV 动态电压恢复装置的研发工作，并为用户提供了样机。2012 年中国科学院电工研究所无锡分所经过多年联合攻关，成功研制出基于超级电容器的低压动态电压恢复器。

UPQC 最先是由日本学者 Fujita、Hideaki Akagi 等在 1998 年提出[67]，它是由串联有源滤波器(series active power filter，SAPF)、并联有源滤波器(parallel active power filter，PAPF)及直流侧共享电容构成的。UPQC 最大的特点是具有动态电压恢复器和有源电力滤波器的功能，可以解决包括供电电压突变、电压波动和闪变、电压不平衡、谐波电流和无功电流等多种电能质量问题。

目前有关统一电能质量调节技术的理论和试验研究在各国仍处在相对初步的阶段，但各国都在不断加强，日本、德国、印度和美国等国家已取得了部分成果[68]。美国佐治亚理工学院研制了串联变流器容量为 3kV·A、并联变流器容量为 15kV·A 的 UPQC 实验装置；美国田纳西大学更研制了 6 电平、10kV·A 的 UPQC；印度高级计算开发中心研制了 250kV·A 的 UPQC 装置，补偿效果较好。国内的许多研究机构和高等院校(如西安交通大学、华北电力大学、华中科技大学、天津大学、北京交通大学等)也在积极开展 UPQC 的研究工作，并取得了多项研究成果，开发了一些实验装置[69-72]。近年来 UPQC 技术在国内的应用已经进入到中高压大容量的阶段，中国电力科学研究院有限公司采用多重化拓扑结构研制出 10kV/1MV·A 的 UPQC 工业装置，应用于北京大兴区青云店镇堡上产业园内[73]；华北电力大学与中国电力科学研究院有限公司联合研制出了 10kV/1MV·A 的基于级联多电平拓扑结构的电流质量复合控制装置以及电压质量复合控制装置[58,74]，应用于上海奉贤区 10kV 配电系统中；华北电力大学、广东电力科学研究院与荣信电力电子公司联合研制出的 10kV/4MV·A 的基于 33 电平模块化多电平变换器(MMC)结构的统一电能质量调节装置已经在广东惠州市大亚湾石化工业区中投入运行。

1.1.4 电力弹簧与阻抗测量等其他装置

有学者在文献[75]中提出了电力弹簧(electrical spring)的概念及其具体装置，简称为 ES。ES 通过串联方式接入含非敏感负荷的馈线支路，在电网波动情况下自动调节非敏感负荷的耗电量，进而保证敏感负荷侧电压满足标准的要求[76,77]。2015 年，东南大学学者在原有科研成果的基础上，开展了对电力弹簧功能的验证和测试。文献[78]提出串联接入电网型阻抗测量装置，该装置通过串联注入扰动分量，根据串联分压原理，扰动电压主要叠加在待测装备上，该方式相比于并联型阻抗测量装置来说性价比更高。

在众多串联型电力电子装备中，基于 VSC 的串联型电力电子装置，简称串联型电压源型变流器(series VSC，SVSC)，通常采用滤波电容直接串联或者变压器间接串联的方式接入电网[55, 79-83]，如图 1.3 所示。其通过改变输出电压的幅值和相位实现对线路潮流、端口电压的灵活调控，是未来串联型电力电子装置的发展趋势和重点研究方向。

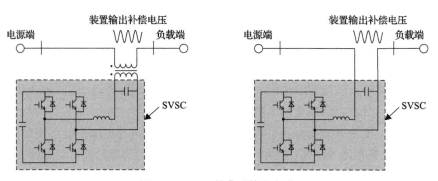

图 1.3　SVSC 的典型接入方式

1.2　串联型电压质量控制器研究现状与技术挑战

1.2.1 串联型电压质量控制器研究现状

串联型电压质量控制器(series voltage quality controller，SVQC)结构主要可分为背靠背型和储能型[84]。背靠背型 SVQC 由串联接入电网的变流器与并联接入电网的变流器组合而成，直接从电网获取能量，具有单位功率因数运行、直流侧电压可调等优势。背靠背型 SVQC 的并联与串联侧耦合程度高，其输出能力受多方面因素的影响。储能型 SVQC 仅仅包括一个串联接入电网的变流器，由储能单元提供能量。因此，储能型 SVQC 的输出能力主要取决于储能单元的容量大小，由于储能设备价格昂贵，占用体积大，储能单元的容量优化成为该结构着重考虑的问题。

1. 背靠背型拓扑

背靠背型 SVQC 的典型拓扑由两电平 AC/DC 与 DC/AC 背靠背连接而成，根据并联变流器接入位置的不同可分为左并右串型和左串右并型两种，具体如图 1.4(a) 和图 1.4(b) 所示。对左并右串型 SVQC 而言，非线性谐波电流流过串联逆变器的输出端，对电压补偿控制的抗干扰能力提出了更高的要求，但是串联变流器的容量要明显小于左串右并型 SVQC。而对于左串右并型 SVQC 来说，负荷侧的非线性谐波问题可以通过并联变换器进行治理，串联部分的输出不会受非线性负载影响，但是在电压补偿模式时，并联侧向电网吸收能量导致流过串联变流器的电流增大，对串联变流器的容量要求高[85]。

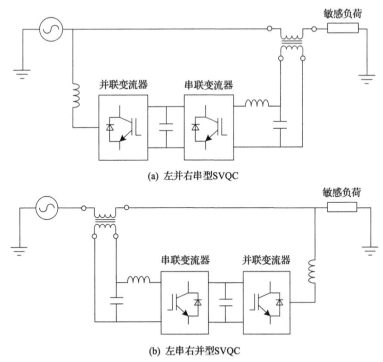

(a) 左并右串型SVQC

(b) 左串右并型SVQC

图 1.4　背靠背型 SVQC 结构示意

为了降低成本，提高运行效率，苏黎世联邦理工学院相关学者第一次将直接 AC/AC 变换技术应用于 SVQC 系统中，并对基于 Buck、半桥、全桥、推挽式等不同 AC/AC 结构下的 SVQC 拓扑复杂度以及输出性能进行对比[86]，如图 1.5 所示。采用直接 AC/AC 变换技术的动态电压恢复器器件使用较少，成本和效率都得到了较好控制，但这类 SVQC 对电压与电流的控制能力弱，难以在电压等级较高的配电网中使用。虽然文献[86]和文献[87]通过耦合电感将单相 AC/AC 变换器进行串联以拓展该结构型 SVQC 的工作电压，如图 1.5(c)所示，但是拓扑结构复杂度提升，直接 AC/AC 变换技术的优势无法体现。此外，采用半桥变换器的 SVQC 系统同样具有功率器件数目少的特点，香港城市大学相关学者对基于半桥变换器的 SVQC 运行模式进行详细分析[88]，拓扑如图 1.6 所示，并提出直流侧电压平衡控制以及快速补偿方法。基于半桥变换器的 SVQC 存在的问题与直接 AC/AC 式 SVQC 类似。

在提高功率密度方面，SVQC 通过滤波电容取代传统工频变压器接入电网也是可行方案之一，可减小 SVQC 系统的装置体积与占地面积。基于这种拓扑结构，相关学者提出直流侧采用高频变压器的连接方式可有效实现串/并联侧的电气隔离[89]。

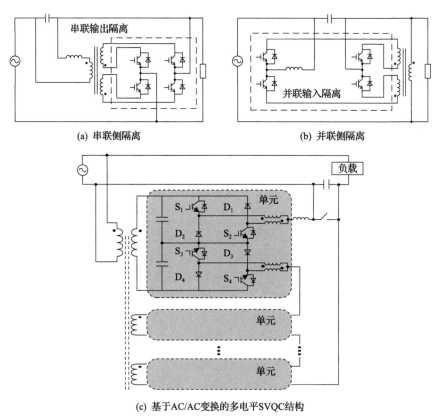

(a) 串联侧隔离   (b) 并联侧隔离

(c) 基于AC/AC变换的多电平SVQC结构

图 1.5 基于 AC/AC 变换的背靠背型 SVQC 结构示意

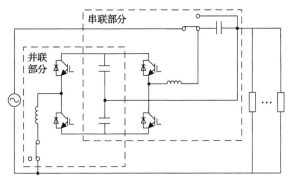

图 1.6　基于半桥结构的背靠背型 SVQC

2. 储能型拓扑

储能型 SVQC 因补偿期间不从电网侧吸收能量，故其补偿能力只取决于直流侧电压以及储能容量大小，受电网波动幅度的影响较小。2018 年，南京航空航天大学相关学者对储能型 SVQC 的拓扑和容量进行了系统性描述与对比[90]。其中，电容储能型 SVQC 为该类型中成本最低、最为简单的一种，具体如图 1.7 所示，都柏林理工大学相关学者对基于混合储能型 SVQC 的运行区间进行详细分析[91]，拓扑如图 1.8 所示。

为了保证储能型 SVQC 能够处理持续时间长的电压跌落问题，需要对其直流侧配置一定容量的储能单元。随着化学储能成本的不断降低，基于不同储能单元组合运行的 SVQC 被提出，2018 年，四川大学相关学者提出基于超导磁储能（superconducting magnetic energy storage，SMES）的 SVQC 拓扑结构[92]。此外，文献[93]将磁储能用于应对持续时间短、跌落幅度大的跌落事件，而储能电池则为持续时间长、跌落幅度小的跌落事件提供补偿能量，混合储能方式拓宽了储能型 SVQC 扩容的思路，如图 1.9 所示，为复杂跌落问题的综合治理提供了可能。

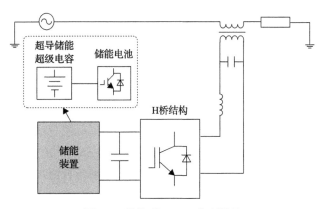

图 1.7　储能型 SVQC 典型结构

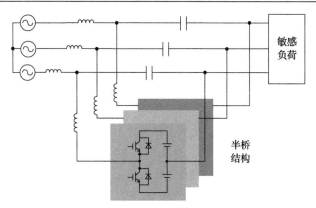

图 1.8　基于混合储能型 SVQC

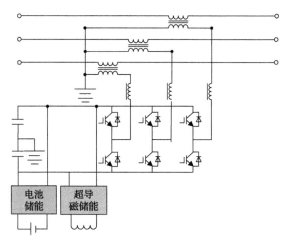

图 1.9　基于混合储能的储能型 SVQC 结构

在工作电压等级拓展方面，为满足储能型 SVQC 在中压场合的应用需求，文献[94]对级联 H 桥(caccaded H bridge，CHB)型 SVQC 进行系统的描述，并提出了对应的离散式状态空间调制方法。湖南大学相关学者针对 CHB-SVQC 在补偿跌落幅度小时输出电能质量差的问题，提出了 CHB-SVQC 最大电平输出的控制策略[95]。此外，文献[96]通过级联变压器耦合三相 H 桥逆变器的方式对 SVQC 的工作电压进行拓宽，如图 1.10 所示，该方案与 CHB-SVQC 相比器件数目较少，但运行和维护方面较为困难[97]。

通过拓扑结构优化可以实现 SVQC 容量优化，降低装置成本与提高设备的利用效率，下面将对其研究现状作简述。文献[90]所提 SVQC 由两个直流端口组成，其中低压直流端口与储能单元连接，高压直流端口则与直流母线相连，这种方式保证了即使储能单元电压低于所需补偿电压的峰值，SVQC 仍具备补偿能力，如

图 1.11 所示。而且对于深度电压跌落问题，双直流端口 SVQC 只需部分有功功率，由此有效降低了整体容量。

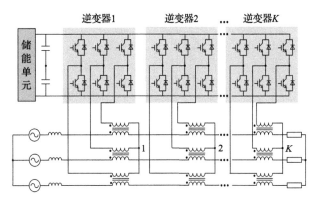

图 1.10　级联变压器耦合的多电平储能型 SVQC 结构

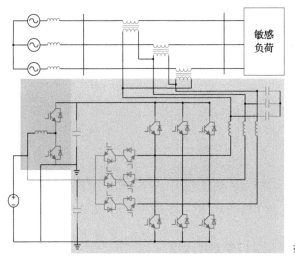

扫码见彩图

图 1.11　双直流端口的储能型 SVQC

为了省去成本高、损耗大、体积大的工频串联变压器，文献[98]提出将高频变压器与 DC/DC 变换器应用于 SVQC 的拓扑结构中，以实现电磁隔离与提升输出电压等级的功能，如图 1.12 所示。进而 SVQC 直流侧的电压等级也可相应降低。如图 1.13 所示，文献[99]提出一种适用于中压配电网的 SVQC 拓扑结构，其由两个传统三相变流器通过开口绕组变压器相串联，以实现减小直流侧电压等级和系统损耗的目的。总体而言，由于使用了两组变流器，该方法在成本和控制复杂度方面的优势并不突出。

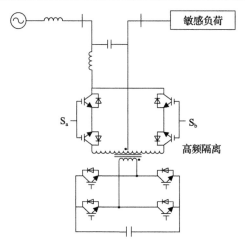

图 1.12　基于高频隔离的储能型 SVQC

S_a 表示左侧开关组；S_b 表示右侧开关组

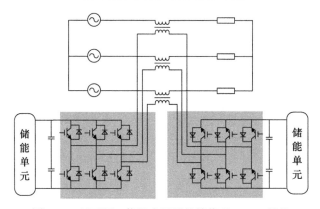

图 1.13　基于开口绕组变压器的储能型 SVQC 结构

1.2.2　串联型电压质量控制器技术挑战

从现有 SVQC 而言，其接入方式的特殊性在赋予 SVQC 独特性能优势的同时也给其实用化步伐带来了诸多挑战，主要问题如下：

(1)典型 SVQC 有效运行时间短，设备利用率低下。电压跌落、接地故障等对负荷与电网的危害大，但发生频次低、持续时间短，固态限流器、动态电压恢复器等典型串联型电力电子装置有效运行时间占比极低。其长期处于热备用状态，还将带来大量的附加损耗。

(2)SVQC 自身脆弱却要承受线路上频繁的电压、电流冲击。SVQC 与电网耦合程度高，电网运行状态变化不仅对 SVQC 的输出性能和稳定性造成影响，还极有可能使其承受过压、过流冲击，可靠性问题突出。

　　为解决 SVQC 工程应用中面临的设备利用率、运行效率低下等突出问题，国内外学者在 SVQC 的控制信号中叠加基波分量和谐波分量，进而将类似 SVQC 和 SAPF 的功能相集成，从而有效保证关键负荷的高可靠、高品质供电。这一功能复用方法在文献[100]和[101]等中均有提及，本章将不再重点讨论。调研发现，随着电网规模的逐步增大和新能源的大量接入，系统短路电流不断提升，电能质量问题趋于复杂。一方面，系统短路、接地故障发生的频次低，故障限流装置必将存在闲置时间较长、利用效率不高的问题；另一方面，功率半导体器件耐压、过流能力的约束使得 SVQC 的保护问题需重点考虑，限制电网短路故障时的过电流显得愈发迫切。电能质量治理与故障过电流限制问题将长期交织存在，具有故障限流能力的 SVQC 不仅可实现自身保护，也是提高原有设备使用效率、拓展功能的有效举措。目前具有故障限流能力的 SVQC 主要通过控制策略优化和拓扑结构改进来实现。

　　1. SVQC 的自我保护

　　旁路开关是保护串联型电力电子装置的关键环节，串联变压器一次侧和二次侧安装旁路开关的方案分别如图 1.14 和图 1.15 所示。第一种方案情况下，旁路开关在电网负载侧发生短路时闭合，可有效避免大的短路电流流向二次侧[102,103]；第二种方案的旁路开关安装在串联变压器二次侧，可在一定程度上降低旁路开关承载的电压水平，运行原理与前者类似[104,105]。以上方案都是电网发生短路故障时将 SVQC 强行退出运行，实现自身保护。值得注意的是，当系统含有升压型串联变压器时，切换过程中二次侧易产生暂态过电压。

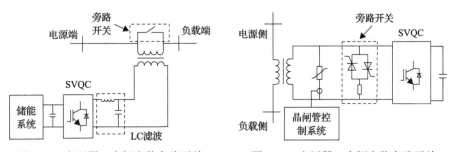

图 1.14　变压器一次侧安装旁路开关　　　　图 1.15　变压器二次侧安装旁路开关

　　为了确保短路故障下串联变流器的可靠性，改进型旁路开关通过稳压二极管电路对反并联晶闸管进行控制，并且无须压敏电阻来抑制二次侧过电压[106]，复合系统具体如图 1.16 所示。

　　此外，为实现串联型电力电子装置自我保护的同时也能够保护其他设备，文献[107]将电能质量调节器与故障限流器进行简单组合，通过切换开关实现两种功能的相互转换，具体如图 1.17 所示。

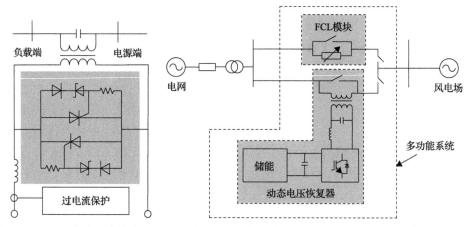

图 1.16　基于旁路开关的改进型　　　图 1.17　具有限流功能与电压补偿功能的组合系统
串联逆变器复合系统

2. 基于拓扑改进的 SVQC 与故障限流器的功能复合

具有故障限流能力的多功能串联型变流器设计思想在于充分考虑负荷侧短路故障时串联型变流器的端口特性及其拓扑变化，通过对串联型变流器系统控制策略的改进或者核心部件的复用来呈现出一个大阻抗，从而限制故障线路的过电流。

文献[108]～[112]提出限流器模块与 UPFC 结合的复合系统及其多种改进拓扑。限流式 UPFC 在典型 UPFC 拓扑结构的基础上添加了基于桥式电路的限流模块，限流模块耦合在串联变压器的二次侧，具体如图 1.18 所示。这种设计可有效

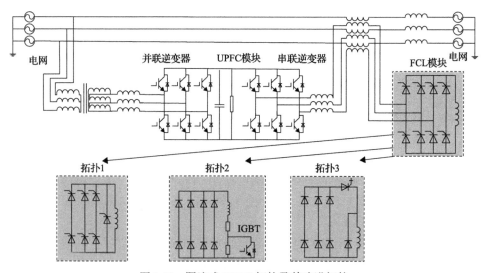

图 1.18　限流式 UPFC 拓扑及其改进拓扑

避免串联变换器在系统发生故障时直接承受大电流、高电压的冲击。在此基础上，相关改进方案被相继提出[110-112]，如图 1.18 中拓扑 1～拓扑 3 所示。限流式 UPFC 在电网正常的时候工作于潮流控制和电能质量调节模式，在下游线路故障时工作在故障限流模式，是一种良好的具有故障限流能力的串联型 SVQC 复合系统范例，具有较好的推广价值。然而，上述方案的不同功能模块间相对独立，各元器件功能复用率有待进一步提高。

3. 基于控制优化的 SVQC 与故障限流器的功能复合

通过对 SVQC 基本运行策略进行改进，可有效控制串联逆变器的等效输出阻抗，进而在实现电能质量调节功能的同时限制故障过电流。

文献[113]在不改变 SVQC 结构的前提下，控制 SVQC 在负载侧发生短路故障时输出与电网方向相反的补偿电压，使得负荷侧电压接近为 0，进而限制住故障过电流，该方法的主电路和控制电路如图 1.19 虚线区所示。考虑到该方法 SVQC 需输出大量有功功率，因此对于直流侧容量要求较高，难以应用于中高压大容量系统。随后，文献[114]对此方法进行优化，有效降低了 SVQC 对直流侧的能量需求，而且在限流效果和不同模式切换方面的表现更加优越。

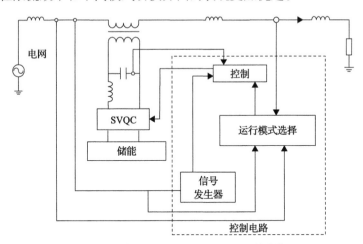

图 1.19　具备限流功能的 SVQC 改进控制框图

文献[115]和文献[116]通过设计 RL 前馈限流算法来模拟虚拟阻抗，进而限制故障过电流，具体如图 1.20 所示。文献[117]通过构建磁链环节控制 SVQC 的等效阻抗仅为感性，保证故障期间的有功功率交换为 0，限流阻尼响应特性好，具体如图 1.21 所示。基于以上研究，文献[118]对虚拟阻抗控制策略进行改进，仿真结果表明所提策略可将故障电流限制到限流前 1/8 以内。

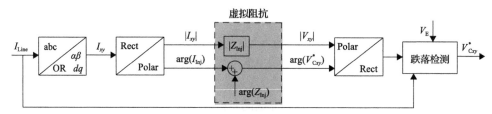

图 1.20　RL 前馈限流算法

I_{Line} 为负载电流；I_{xy} 为 $\alpha\beta$ 或 dq 电流坐标系中电流；$|I_{xy}|$ 为电流幅值；$\arg(I_{Inj})$ 为电流相角；$|Z_{Inj}|$ 为阻抗幅值；$\arg(Z_{Inj})$ 为虚拟阻抗相角；$|V_{xy}|$ 为控制电压幅值；$\arg(V_{Cxy}^*)$ 为控制电压相角；V_E 为网侧电压；V_{Cxy}^* 为电压控制信号；Polar 表示极坐标；Rect 表示直角坐标系

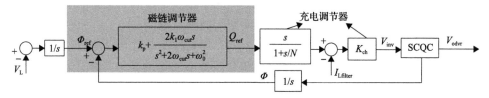

图 1.21　改进磁链控制算法

V_L 为补偿电压；K_{ch} 为比例系数；$I_{Lfilter}$ 为滤波电感电流；V_{inv} 为电压控制信号；V_{odvr} 为参考电压指令信号；k_p 为比例增益系数；ω_0 为谐振频率；ω_{cut} 为截止频率；s 为拉普拉斯算子；Q_{ref} 为参考电荷；N 为高频增益限制系数；Φ 为磁链

为了进一步提高 SVQC 的利用率，文献[119]提出了控制 SVQC 在电压暂降事件发生时进行动态电压补偿；在电网正常运行时对外呈现虚拟电容特性，补偿线路压降；在负载侧短路故障发生时对外呈现虚拟电感特性，进行过电流限制。以上策略保证 SVQC 根据电网状态工作于不同运行模式，但总体来说，控制策略复杂，需对不同模式间的切换暂态过程进行深入研究。此外，文献[120]提出的电压幅值、相角计算方法可以快速计算出基波电压信号，为故障限流期间的控制提供基准值，进而保证系统不会承受任何过电流，且限流期间的有功损失极小。

总体而言，现有通过拓扑结构改进实现故障限流的方案，拓扑复用程度不高，设备利用效率有待进一步提高。而采取控制策略优化进行故障限流的方案则需要大量的能量支撑或者较高的变换器功率等级，难以应用于中高压、大容量系统。因此，为了满足工程实际的应用需求，具备故障限流能力的 SVQC 复合系统仍需进一步研究与优化。

1.3　本 章 小 结

双碳背景下，构建以新能源为主体的新型电力系统将推动光伏与风电向更高比例与更大规模发展；同时，为提高电网的主动调控性，缓解电力供需侧矛盾，大量储能、电动汽车等双向互动型柔性负荷通过电力电子装置接入配电网。高比例新能源与高比例电力电子设备的接入，一方面导致电网电源与负荷的非线性、波动性以及不平衡性增加，使得电网电压质量问题凸显；另一方面，增加了电网短路容量，影响短路故障扰动下系统的安全运行水平。SVQC 具备优良的电压控制性能，通过合理设计可兼具故障限流功能。SVQC 与电网形成两端甚至多端连接，能够有效改善电网电压质量，抑制电网短路故障电流。可见，串联型电压质量控制器具有较高的实用价值与良好的应用推广前景，对于新型电力系统安全可靠、优质高效发展具有重要意义。本书将着重从以下三个方面系统论述 SVQC：

(1) SVQC 工作原理及其控制策略。

(2) 具备故障限流能力的多功能 SVQC 拓扑及其优化控制技术。

(3) 多功能 SVQC 的技术应用。

以下分章概述其主要内容：

第 1 章简述了串联型电压质量控制器拓扑的演化，并详细总结了现有 SVQC 所面临的挑战与问题。

第 2 章以典型串联型电压质量控制器的拓扑为例，详述了其基本工作原理，并介绍了电网电压波动的常用检测方法与 SVQC 的经典控制策略。

第 3 章针对功率耦合情况复杂的并联侧供能型 SVQC，分析了影响 SVQC 输出能力的主要因素，对其输出边界进行了定量刻画。此外，针对系统电压跌落时负载电压存在的相角跳变问题，结合最小能量补偿，提出了最小能量平滑启停控制策略。

第 4 章介绍了适用于中高电压场合下的级联多电平 SVQC，系统阐述了级联多电平 SVQC 的工作原理，分析了基于混合脉宽调制(HPWM)策略的级联多电平 SVQC 运行特性。在此基础上，针对 HPWM 的级联多电平 SVQC 直流侧电压不均衡问题，提出了一种直流侧电压均衡控制方法；分析了混合调制策略下中高压电压质量控制器的输出性能，提出了优化控制策略。

第 5 章与第 6 章针对电网故障下传统串联型电压质量控制器可靠性低的问题，提出了具备故障限流能力的多功能串联型电压控制器(multifunctional series voltage quality controller，MF-SVQC)拓扑，并分别分析了其运行的基本原理。同时，提出了 MF-SVQC 优化运行控制策略，保障 MF-SVQC 在不同模式间的柔性切换。

第 7 章讨论了 MF-SVQC 的系统设计与保护协调策略。首先，针对 MF-SVQC 的关键元件，介绍了其参数选型的方法；其次，结合电网继电保护，分析 MF-SVQC 接入电网对其带来的不利影响，并提出解决办法；最后，介绍了多功能串联电压质量控制器的应用场景的工程范例，阐述了该系统在工程应用时应解决的关键技术问题以及现场安装情况及试验方案。

本书的研究内容旨在引起相关科研人员对多功能 SVQC 研究的关注，同时期冀本书能为国内外对 SVQC 及其多功能复合系统感兴趣的相关学者、工程师和设备制造商提供有益参考。

参 考 文 献

[1] Bose B K. Global energy scenario and impact of power electronics in 21st century[J]. IEEE Transactions on Industrial Electronics, 2016, 60(7): 2638-2650.

[2] Blaabjerg F, Yang Y, Yang D, et al. Distributed power-generation systems and protection[J]. Proceedings of the IEEE, 2017, 105(7): 1311-1321.

[3] Sahoo S K, Sinha A K, Kishore N K. Control techniques in AC, DC, and hybrid AC-DC microgrid: A review[J]. IEEE Journal of Emerging and Selected Topics in Power Electronics, 2018, 6(2): 738-759.

[4] Zeng Z, Yang H, Zhao R, et al. Topologies and control strategies of multi-functional grid-connected inverters for power quality enhancement: A comprehensive review[J]. Renewable and Sustainable Energy Reviews, 2013, 24: 223-270.

[5] Kharrazi A, Sreeram V, Mishra Y. Assessment techniques of the impact of grid-tied rooftop photovoltaic generation on the power quality of low voltage distribution network-A review[J]. Renewable and Sustainable Energy Reviews, 2020, 120: 1-16.

[6] Ali M S, Haque M M, Wolfs P. A review of topological ordering based voltage rise mitigation methods for LV distribution networks with high levels of photovoltaic penetration[J]. Renewable and Sustainable Energy Reviews, 2019, 103: 463-476.

[7] Singh B, Chandra A, Al-Haddad K. Power Quality Problems and Mitigation Techniques[M]. Hoboken: Wiley, 2015.

[8] Imdadullah, Amrr S M, Asghar M S J, et al. A comprehensive review of power flow controllers in interconnected power system networks[J]. IEEE Access, 2020, 8: 18036-18063.

[9] Canizares C A, Faur Z T. Analysis of SVC and TCSC controllers in voltage collapse[J]. IEEE Transactions on Power Systems, 1999, 14(1): 158-165.

[10] Chang L, Liu Y, Jing Y, et al. Semi-globally practical finite-time H∞ control of TCSC model of power systems based on dynamic surface control[J]. IEEE Access, 2020, 8: 10061-10069.

[11] Rosso A D D, Canizares C A, Dona V M. A study of TCSC controller design for power system stability improvement[J]. IEEE Transactions on Power Systems, 2003, 18(4): 1487-1496.

[12] Khederzadeh M, Sidhu T. Impact of TCSC on the protection of transmission lines[C]//2006 IEEE Power Engineering Society General Meeting, Montreal, 2006.

[13] He S, Suonan J, Bo Z Q. Integrated impedance-based pilot protection scheme for the TCSC-compensated EHV/UHV transmission lines[J]. IEEE Transactions on Power Delivery, 2013, 28(2): 835-844.

[14] Esmaili M, Ghamsari-Yazdel M, Amjady N. Transmission expansion planning including TCSCs and SFCLs: A MINLP approach[J]. IEEE Transactions on Power Systems, 2020, 35(6): 4396-4407.

[15] Gyugyi L, Schauder C D, Sen K K. Static synchronous series compensator: A solid-state approach to the series compensation of transmission lines[J]. IEEE Transactions on Power Delivery, 1997, 12(1): 406-417.

[16] Jowder F A R A, Ooi B T. Series compensation of radial power system by a combination of SSSC and dielectric capacitors[J]. IEEE Transactions on Power Delivery, 2005, 20(1): 458-465.

[17] Mancilla-David F, Bhattacharya S, Venkataramanan G. A comparative evaluation of series power-flow controllers using DC- and AC-Link converters[J]. IEEE Transactions on Power Delivery, 2008, 23(2): 985-996.

[18] Bongiorno M, Angquist L, Svensson J. A novel control strategy for subsynchronous resonance mitigation using SSSC[J]. IEEE Transactions on Power Delivery, 2008, 23(2): 1033-1041.

[19] Thirumalaivasan R, Janaki M, Prabhu N. Damping of SSR using subsynchronous current suppressor with SSSC[J]. IEEE Transactions on Power Delivery, 2013, 28(1): 64-74.

[20] Bashar E, Rogers D, Wu R, et al. A new protection scheme for an SSSC in an MV network by using a varistor and thyristors[J]. IEEE Transactions on Power Delivery, 2021, 36(1): 102-113.

[21] Badar R, Khan M Z, Javed M A. MIMO adaptive bspline-based wavelet NeuroFuzzy control for multi-type FACTS[J]. IEEE Access, 2020, 8: 28109-28122.

[22] Gyugyi L, Schauder C, Williams S. The unified power flow controller: A new approach to power transmission control[J]. IEEE Transactions on Power Delivery, 1995, 10(2): 1085-1097.

[23] Liu L, Zhu P, Kang Y, et al. Power-flow control performance analysis of a unified power-flow controller in a novel control scheme[J]. IEEE Transactions on Power Delivery, 2007, 22(3): 1613-1619.

[24] Rajabi-Ghahnavieh A, Fotuhi-Firuzabad M, Shahidehpour M. UPFC for enhancing power system reliability[J]. IEEE Transactions on Power Delivery, 2010, 25(4): 2881-2890.

[25] Liu Y, Yang S, Wang X, et al. Application of transformer-less UPFC for interconnecting two synchronous AC grids with large phase difference[J]. IEEE Transactions on Power Electronics, 2016, 31(9): 6092-6103.

[26] Yin J J, Chen G, Xu H Q, et al. Principles and functions of UPFC//Unified Power Flow Controller Technology and Application[M]. London: Elsevier 2017: 19-41.

[27] Gandoman F H, Ahmadi A, Sharaf A M, et al. Review of FACTS technologies and applications for power quality in smart grids with renewable energy systems[J]. Renewable and Sustainable Energy Reviews, 2018, 82: 502-514.

[28] 张强. TCSC 运行原理及其在电网中的工程应用[J]. 电气开关, 2011, 49(2): 74-76.

[29] 周俊宇. 静止同步串联补偿器在电力系统中的应用综述[J]. 电气应用, 2006, (4): 51-54, 118.

[30] 姜旭. H 桥级联式 SSSC 主电路拓扑分析及控制策略研究[D]. 北京: 华北电力大学, 2007.

[31] 厉运达, 刘胜男. 电力系统串联补偿技术研究[J]. 科技信息, 2014, (13): 172-174.

[32] 全球首个静止同步串联补偿器正式投运[J]. 电气应用, 2019, 38(1): 1.

[33] 任建文, 高雯曼, 申旭辉, 等. 统一潮流控制器装置级优化控制策略综述[J]. 电力电容器与无功补偿, 2018, 39(4): 140-146.

[34] 王建, 吴捷. 统一潮流控制器的建模与控制研究综述[J]. 电力自动化设备, 2000, 6: 41-45.

[35] 徐宁. UPFC 在风电系统中的有功优化研究与工程应用设计[D]. 杭州: 浙江大学, 2018.

[36] 刘兵, 张鑫, 余晓伟, 等. UPFC 在省级电网应用的选址定容方法[J]. 电力系统及其自动化学报, 2021, 33(1): 123-129.

[37] Wu A Y, Yin Y X. Fault current limiter application in medium and high-voltage power distribution systems[J]. IEEE Transaction on Industry Applications, 1998, 34(1): 236-242.

[38] Slade P G, Wu J L, Stacey E J, et al. The utility requirements for a distribution fault current limiter[J]. IEEE Transactions on Power Electronics, 1992, 7(2): 507-515.

[39] Uada T, Morita M, Arita H, et al. Solid-state current limiter for power distribution system[J]. IEEE Transactions on Power Delivery, 1993, 8(4): 1796-1801.

[40] Yokoyama K, Sato T, Nomura T, et al. Application of single DC reactor type fault current limiter as a power source[J]. IEEE Transactions on Applied Superconductivity, 2001, 11(1): 2106-2109.

[41] King E F, Chikhani A Y, Hackam R, et al. A micro-processor-controlled variable impedance adaptive fault current limiter[J]. IEEE Transactions on Power Delivery, 1990, 5(4): 1830-1838.

[42] 洪健山, 关永刚, 徐国政. 串联谐振型限流器对操作过电压的影响及分析[J]. 高压电气, 2009, 45 (2): 44-47.

[43] Naderi S B, Jafari M, Hagh M T. Parallel-resonance-type fault current limiter[J]. IEEE Transactions on Industrial Electronics, 2013, 60 (7): 2538-2546.

[44] 陈寄炎, 陈仲铭. 无损耗电阻器式短路电流限制器[J]. 电力系统自动化, 1998, 22 (4): 27-32.

[45] Lee B W, Park K B, Sim J, et al. Design and experiments of novel hybrid type superconducting fault current limiters[J]. IEEE Transactions on Applied Superconductivity, 2008, 18 (2): 624-627.

[46] Genji T, Nakamura O, Isozaki M, et al. 400V class high-speed current limiting circuit breaker for electric power system[J]. IEEE Transaction on Power Delivery, 1994, 9 (3): 1428-1435.

[47] 费万民, 张艳莉, 吕征宇. 基于 IGCT 的新型固态桥式短路故障限流器[J]. 电力系统自动化, 2006, 30 (7): 60-64.

[48] 江道灼, 敖志香, 卢旭日, 等. 短路故障电流技术的研究与发展[J]. 电力系统及其自动化学报, 2007, 19 (3): 8-19, 87.

[49] 刘轶强. 固态限流器发展综述[J]. 船舶技术, 2015, 35 (3): 77-80.

[50] Sugimoto S, Kida Y, Arita H, et al. Principle and characteristics of a fault current limiter with series compensations[J]. IEEE Transaction on Power Delivery, 1996, 11 (2): 842-847.

[51] 曾正, 杨欢, 赵荣祥, 等. 多功能并网逆变器研究综述[J]. 电力自动化设备, 2012, 32 (8): 5-15.

[52] 杨潮, 韩英铎, 黄瀚, 等. 动态电压调节器串联补偿电压研究[J]. 电力自动化设备, 2001, 21 (5): 1-5.

[53] 韩民晓, 尤勇, 刘昊. 线电压补偿型动态电压调节器 (DVR) 的原理与实现[J]. 中国电机工程学报, 2003, 23 (12): 49-53.

[54] 乐健, 周谦, 张华赢, 等. 多功能区域补偿型中压动态电压恢复器的研制[J]. 电力电子技术, 2019, 53 (1): 124-128.

[55] 张新闻, 同向前. 电容耦合型动态电压恢复器参数建模与控制[J]. 电工技术学报, 2016, 31 (6): 212-218.

[56] 裴喜平. 动态电压恢复器检测与控制方法研究[D]. 兰州: 兰州理工大学, 2014.

[57] Khadkikar V. Enhancing electric power quality using UPQC: A comprehensive overview[J]. IEEE Transactions on Power Electronics, 2012, 27 (5): 2284-2297.

[58] 杨用春, 肖湘宁, 郭世枭, 等. 基于模块化多电平变流器的统一电能质量调节器工程实验装置研究[J]. 电工技术学报, 2018, 33 (16): 3743-3755.

[59] 张辉, 刘进军, 黄新明, 等. 通用电能质量控制器直流侧电压控制建模与分析[J]. 电工技术学报, 2007, 22 (4): 144-149.

[60] Han B. Bae B, Kim H, et al. Combined operation of unified power-quality conditioner with distributed generation[J]. IEEE Transactions on Power Delivery, 2006, 21 (1): 330-338.

[61] 张允. 单相统一电能质量控制器的研究[D]. 武汉: 华中科技大学, 2009.

[62] 周海亮. 统一电能质量调节器检测与补偿控制策略研究[D]. 天津: 天津大学, 2012.

[63] 郝晓弘, 杜先君, 陈伟. 动态电压恢复器 (DVR) 研究现状与发展综述[J]. 科学技术与工程, 2008, (5): 1259-1264, 1267.

[64] Woodley N H, Morgan L, Sundaram A. Experience with an inverter based dynamic voltage restorer[J]. IEEE Transactions on Power Delivery, 1999, 14 (3): 1181-1186.

[65] Woodley N H, Morgan L, Sundaram M. Experience with an inverter-based dynamic voltage restorer system[C]//IEEE Power Engineering Society Winter Meeting, Singapore, 2000.

[66] 朱晓光, 蒋晓华. 150kVA/0.3MJ 电流源型动态电压补偿装置[J]. 电力电子技术, 2007, 41 (1): 1-3.

[67] 倪福银, 李正明. 统一电能质量调节器的研究发展综述[J]. 电力系统保护与控制, 2020, 48 (20): 177-187.

[68] 胡旭. 串并联补偿式 UPS 实验平台的设计与实现[D]. 武汉: 华中科技大学, 2008.

[69] 鲍鹏. 统一电能质量调节器的控制方法研究[D]. 成都: 西南交通大学, 2009.

[70] 姜鹏. 统一电能质量控制器的仿真及实验研究[D]. 北京: 北京交通大学, 2014.

[71] 梅慧楠. 统一电能质量调节器 (UPQC) 检测控制方法研究[D]. 武汉: 华中科技大学, 2005.

[72] 费平平. 交直流配网若干关键问题研究[D]. 杭州: 浙江大学, 2014.

[73] 龙云波, 徐云飞, 肖湘宁, 等. 采用模块化多电平换流器的统一电能质量控制器预充电控制[J]. 电力系统自动化, 2015, 39(7): 182-187.

[74] 王浩, 刘正富, 陆晶晶, 等. MMC 型 UPQC 的启动控制策略对比研究[J]. 现代电力, 2014, 31(5): 27-31.

[75] He Y B, Chung H S H, Tak L C, et al. Active cancelation of equivalent grid impedance for improving stability and injected power quality of grid-connected inverter under variable grid condition[J]. IEEE Transactions on Power Electronics, 2018, 33(11): 9387-9398.

[76] 程明, 王青松, 张建忠. 电力弹簧理论分析与控制器设计[J]. 中国电机工程学报, 2015, 35(10): 2436-2444.

[77] Yan S, Tan S C, Lee C K, et al. Electric springs for reducing power imbalance in three-phase power systems[J]. IEEE Transactions on Power Electronics, 2015, 30(7): 3601-3609.

[78] 伍文华, 蒲添歌, 陈燕东, 等. 兆瓦级宽频带阻抗测量装置设计及其控制方法[J]. 中国电机工程学报, 2018, 38(14): 4096-4106.

[79] 宗升, 何湘宁, 吴建德, 等. 基于电力电子变换的电能路由器研究现状与发展[J]. 中国电机工程学报, 2015, 35(18): 4559-4570.

[80] 姜建国, 乔树通, 郜登科. 电力电子装置在电力系统中的应用[J]. 电力系统自动化, 2014, 38(3): 2-6.

[81] 王成山, 宋关羽, 李鹏, 等. 基于智能软开关的智能配电网柔性互联技术及展望[J]. 电力系统自动化, 2016, 40(22): 168-175.

[82] 张文亮, 汤广福, 查鲲鹏, 等. 先进电力电子技术在智能电网中的应用[J]. 中国电机工程学报, 2010, 30(4): 1-7.

[83] 黄永红, 徐俊俊, 刘国海, 等. 基于复合控制策略的无串联变压器型动态电压恢复器[J]. 电工技术学报, 2015, 30(12): 253-260.

[84] 刘海春. 中频动态电压恢复器关键技术研究[D]. 南京: 南京航空航天大学, 2017.

[85] Soeiro T B, Petry C A, Fagundes C S, et al. Direct AC-AC converters using commercial power modules applied to voltage restorers[J]. IEEE Transactions on Industrial Electronics, 2011, 58(1): 278-289.

[86] 李楚杉. 基于虚拟正交源电压合成策略的直接 AC-AC 变换拓扑与控制技术研究[D]. 杭州: 浙江大学, 2014.

[87] Cheung V S P, Yeung R S C, Chung H S H, et al. A transformer-less unified power quality conditioner with fast dynamic control[J]. IEEE Transactions on Power Electronics, 2018, 33(5): 3926-3938.

[88] Jothibasu S, Mishra M K. An improved direct AC-AC converter for voltage sag mitigation[J]. IEEE Transactions on Industrial Electronics, 2015, 61(1): 21-30.

[89] Wang J F, Xing Y, Wu H F, et al. A novel dual-DC-port dynamic voltage restorer with reduced-rating integrated DC-DC converter for wide-range voltage sag compensation[J]. IEEE Transactions on Power Electronics, 2019, 34(8): 7437-7449.

[90] Biricik S, Komurcugil H. Time-varying and constant switching frequency-based sliding-mode control methods for transformerless DVR employing half-bridge VSI[J]. IEEE Transactions on Industrial Electronics, 2017, 64(4): 2570-2580.

[91] Zheng Z X, Xiao X Y, Huang C J, et al. Enhancing transient voltage quality in a distribution power system with SMES-based DVR and SFCL[J]. IEEE Transactions on Applied Superconductivity, 2019, 29(2): 5400405.

[92] Gee A M, Robinson F, Yuan W J. A superconducting magnetic energy storage-emulator/battery supported dynamic voltage restorer[J]. IEEE Transactions on Energy Conversion, 2017, 32(1): 55-64.

[93] Massoud A M, Ahmed S, Enjeti P. Evaluation of a multilevel cascaded-type dynamic voltage restorer employing iscontinuous space vector modulation[J]. IEEE Transactions on Industrial Electronics, 2010, 57(7): 2398-2410.

[94] 涂春鸣, 张丽, 郭祺, 等. 基于 HPWM 调制的动态电压恢复器最大电平输出特性研究[J]. 电网技术, 2019, 43: 1-9.

[95] Carlos G A D A, Jacobina C B. Series compensator based on cascaded transformers coupled with three-phase bridge converter[J]. IEEE Transactions on Industry Applications, 2017, 53(2): 1271-1279.

[96] 翟晓萌, 赵成勇, 李路遥, 等. 模块化多电平动态电压恢复器的研究[J]. 电力系统保护与控制, 2013, 41(12): 86-91.

[97] Goharrizi A Y, Hosseini S H, Sabahi M, et al. Three-phase HFL-DVR with independently controlled phases[J]. IEEE Transactions on Power Electronics, 2012, 27(4): 1706-1719.

[98] Carlos G A D A, dos Santos E C, Jacobina C B. Dynamic voltage restorer based on three-phase inverters cascaded through an open-end winding transformer[J]. IEEE Transactions on Power Electronics, 2016, 31(1): 188-199.

[99] 雷何. 动态电压恢复器控制技术若干关键问题研究[D]. 武汉: 华中科技大学, 2014.

[100] 汤广福, 罗湘, 魏晓光. 多端直流输电与直流电网技术[J]. 中国电机工程学报, 2013, 33(10): 8-17, 24.

[101] 赵成勇, 陈晓芳, 曹春刚, 等. 模块化多电平换流器 HVDC 直流侧故障控制保护策略[J]. 电力系统自动化, 2011, 35(23): 82-87.

[102] 周武, 乐健, 杨金涛, 等. 中压动态电压恢复器的虚拟阻抗控制策略[J]. 电网技术, 2016, 40: 1-8.

[103] Zhang S, Tseng K, Choi S S, et al. Advanced control of series voltage compensation to enhance wind turbine ride through[J]. IEEE Transactions on Power Electronics, 2012, 27(2): 763-772.

[104] Gkavanoudis S I, Demoulias C S. FRT capability of a DFIG in isolated grids with dynamic voltage restorer and energy storage[C]//2014 IEEE 5th International Symposium on Power Electronics for Distributed Generation Systems (PEDG), Galway, Ireland, 2014.

[105] 周鑫. 含大规模风电的电力系统安全稳定控制若干问题研究[D]. 武汉: 华中科技大学, 2017.

[106] Alaraifi S, Moawwad A, Moursi M S E, et al. Voltage booster schemes for fault ride-through enhancement of variable speed wind turbines[J]. IEEE Transactions on Sustainable Energy, 2013, 4(4): 1071-1081.

[107] Moghadasi A H, Heydari H, Salehifar M. Reduction in VA rating of the unified power quality conditioner with superconducting fault current limiters[C]//2010 1st Power Electronic & Drive Systems & Technologies Conference (PEDSTC), Tehran, 2010.

[108] Moghadasi A, Islam A. Enhancing LVRT capability of FSIG wind turbine using current source UPQC based on resistive SFCL[C]//2014 IEEE PES T&D Conference and Exposition, Chicago, 2014.

[109] Saadat N, Choi S S, Vilathgamuwa D M. A series-connected photovoltaic distributed generator capable of enhancing power quality[J]. IEEE Transactions on Energy Conversion, 2013, 28(4): 1026-1035.

[110] Choi W, Lee W, Han D, et al. New Configuration of multifunctional grid-connected inverter to improve both current-based and voltage-based power quality[J]. IEEE Transactions on Industry Applications, 2018, 54(6): 6374-6382.

[111] Ye J, Gooi H B, Wang B F, et al. A new flexible power quality conditioner with model predictive control[J]. IEEE Transactions on Industrial Informatics, 2019, 15(5): 2569-2579.

[112] Elserougi A, Massoud A M, Abdel-Khalik A S, et al. An interline dynamic voltage restoring and displacement factor controlling device (IVDFC)[J]. IEEE Transactions on Power Electronics, 2014, 29(6): 2737-2749.

[113] Vuyyuru U, Maiti S, Chakraborty C. Active power flow control between DC microgrids[J]. IEEE Transactions on Smart Grid, 2019, 10(5): 5712-5723.

[114] 赵国亮, 陈维江, 乔尔敏. 动态电压恢复器试验方法研究[J]. 电力电子技术, 2015, 49(3): 30-32.

[115] 周晖, 齐智平, 何飚. 单相 DVR 快速电压补偿控制的实现[J]. 电力系统自动化, 2007, 31(6): 61-65.

[116] 涂春鸣, 吴连贵, 姜飞, 等. 单相 PWM 整流器最大带载能力分析[J]. 电网技术, 2017, 41(1): 230-237.

[117] 张纯江, 郭忠南, 王芹, 等. 基于新型相位幅值控制的三相 PWM 整流器双向工作状态分析[J]. 中国电机工程学报, 2006, 26(11): 167-171.

[118] 许胜, 赵剑锋, 倪喜军, 等. SPWM-2H 桥逆变器直流侧等效模型[J]. 电工技术学报, 2009, 24(8): 90-94.

[119] 徐永海, 韦鹏飞, 李晨懿, 等. 电压暂降相位跳变及其对敏感设备的影响研究[J]. 电测与仪表, 2017, (21): 111-117.

[120] Parreño-Torres A, Roncero-Sánchez P, Feliu-Battle V. A two degrees of freedom resonant control scheme for voltage-sag compensation in dynamic voltage restorers[J]. IEEE Transactions on Power Electronics, 2018, 33(6): 4852-4867.

第2章 串联型电压质量控制器工作原理及其控制

基于变流器的串联型电压质量控制器可通过对输出电压幅值/相位的灵活调控，实现电压抬升治理、电压跌落治理、三相电压不平衡治理、电压相角跳变治理等功能，可有效保证敏感设备的正常工作[1]。目前，国内外学者针对拓扑结构、工作原理、控制方法等方面进行了较为广泛的研究，本章将对其进行详细介绍。

2.1 工作原理

2.1.1 典型串联型电压质量控制器拓扑

基于 H 桥变流器的背靠背型 SVQC 和储能型 SVQC 系统拓扑分别如图 2.1 和图 2.2 所示。当系统发生电压跌落事件时，背靠背型 SVQC 通过并联变流器从电网吸收功率为电压补偿提供能量，而储能型 SVQC 补偿所需能量则由储能单元提供。当系统发生电压抬升事件时，背靠背型 SVQC 通过并联变流器向电网发出功率以抵消电压补偿过程吸收的能量，对于储能型 SVQC 而言，为了防止吸收能量导致储能模块过载，需要在直流侧配置泄放支路，当直流侧电压超过一定阈值时，泄放支路导通。

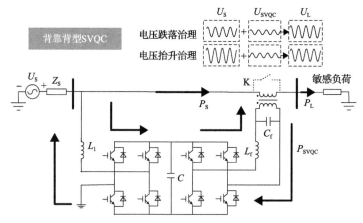

图 2.1 背靠背型 SVQC 系统拓扑

U_S 为电网电压；Z_S 为线路阻抗；L_1 为装置并联侧滤波电感；C 为直流侧电容；L_f 为装置串联侧滤波电感；C_f 为串联侧滤波电容；P_S 为线路有功功率；K 为串联变压器投运开关；P_L 为负载功率；P_{SVQC} 为流入装置串联侧功率；U_{SVQC} 为串联补偿电压；U_L 为敏感负荷电压

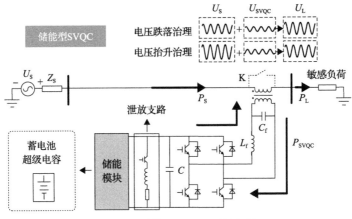

图 2.2　储能型 SVQC 系统拓扑

2.1.2　SVQC 工作模式

SVQC 三种典型工作模式分别为完全补偿、同相补偿和最小能量补偿，最小能量补偿按照跌落幅度和负载侧功率因数的关系又可分为纯无功补偿和最小有功补偿[2]。三种工作模式都是保证负载侧电压幅值恒定，但完全补偿下负载侧电压跌落前后的相位与幅值均保持不变，同相补偿策略下的负载电压相位与跌落后的系统电压相位相同，而最小能量补偿策略下的负载电压与系统电压之间存在相位差，不同控制策略下电压向量关系如图 2.3 所示，所有变量均以跌落前的系统电压 U_S 为参考向量，U_S'、U_L' 和 I_L' 分别代表跌落事件后的系统电压、负载电压以及负载电流，U_{Lf} 为滤波电感上的电压，U_{SVQCf} 为 SVQC 输出电压，U_{inv} 为串联逆变器桥臂的工作电压，下面对几种工作模式作简单介绍。

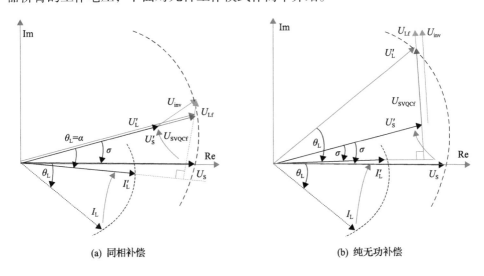

(a) 同相补偿　　　　　　　　　　　(b) 纯无功补偿

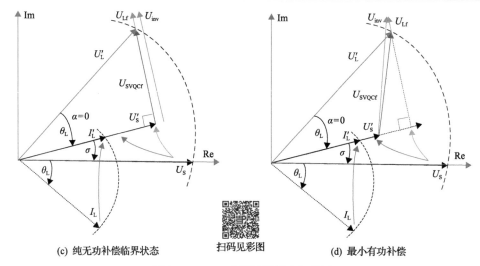

(c) 纯无功补偿临界状态　　扫码见彩图　　(d) 最小有功补偿

图 2.3　SVQC 典型补偿策略矢量图

Im 和 Re 分别为虚轴和实轴；I_L 为跌落负载电流；θ_L 为负载功率因素角；σ 为系统跌落带来的
跳变角；α 为跌落后 U_S 与 I_L 的相位差

案例 1：在同相补偿策略中，SVQC 通过注入与跌落后系统电压同相的补偿电压来实现负载侧电压幅值恒定，SVQC 注入电压 U_{SVQCf} 和相角 θ_{SVQCf} 分别为

$$U_{SVQCf} = k_{sag} U_{Lref} \tag{2.1}$$

$$\theta_{SVQCf} = 0 \tag{2.2}$$

式中，U_{Lref} 为负载侧电压的幅值参考值；k_{sag} 为系统电压跌落深度，定义 $k_{sag} = (U_{Lref} - U_S')/U_{Lref}$。

案例 2：如果 k_{sag} 与负载功率因数满足如下关系，SVQC 可以实现纯无功补偿：

$$k_{sag} < 1 - \cos\theta_L \tag{2.3}$$

纯无功补偿下的变量关系如图 2.3(b) 所示，U_{SVQCf} 与 I_L' 相垂直，有

$$\theta_{DVRf} = \frac{\pi}{2} - \alpha = \frac{\pi}{2} - \arccos\left(\frac{U_L'}{U_S'}\cos\theta_L\right) \tag{2.4}$$

$$U_{SVQCf} = U_L'\sin\theta_L - \sqrt{U_S'^2 - (U'\cos\theta_L)^2} \tag{2.5}$$

式中，θ_{DVRf} 为 SVQC 输出补偿角；θ_L 为负载功率因数角；α 为跌落后 U_S 和 I_L 的相位差[3]。当 $k_{sag} = 1 - \cos\theta_L$ 时，SVQC 处于纯无功补偿策略的临界状态，这时 SVQC 承担负载侧的所有无功需求，系统侧单位功率因数运行，具体如图 2.3(c) 所示。

案例 3：当电压跌落深度无法满足式(2.3)时，SVQC 已无法工作于纯无功补

偿模式。为了保证 SVQC 输出有功尽可能少，即减小并联侧与串联侧的有功交换，也相当于减小储能型 SVQC 的储能单元容量配置，控制 SVQC 输出补偿电压后使得 U'_S 与 I'_L 同相，SVQC 运行于最小有功补偿模式，如图 2.3（d）所示，SVQC 注入电压的幅值和相角可表示为

$$U_{\text{SVQCf}} = \sqrt{U'^2_S + U'^2_L - 2U'_S U'_L \cos\theta_L} \tag{2.6}$$

$$\theta_{\text{SVQCf}} = \pi - \arccos\left(\frac{U'^2_S + U^2_{\text{SVQCf}} - U'^2_L}{2U'_S U_{\text{SVQCf}}} \right) \tag{2.7}$$

2.2 串联型电压质量控制器的电压检测与控制方法

2.2.1 电压波动检测方法

1. 三相系统的电压波动检测

准确快速地检测电网电压中的异常变化量（基波的跌落或骤升、谐波电压及电压闪变等）是实现 SVQC 精准电压补偿的前提。目前，对于电压的检测方法，相关专家学者已开展了较为深入的研究，提出了多种检测方法，其主要包括：基于瞬时无功功率理论的检测方法、基于傅里叶变换的检测方法，以及基于小波变换的检测方法[4]。其中，基于瞬时无功功率理论的检测方法因易实现、快速与准确的优势在电力系统中得到了广泛应用，下面将对其进行详细介绍。

假设三相畸变电压分别为 U_a、U_b、U_c，根据对称分量法，可将任意三相电压分解成正序、负序与零序分量，具体如式（2.8）所示：

$$\begin{pmatrix} U_a \\ U_b \\ U_c \end{pmatrix} = \begin{pmatrix} U^+_a \\ U^+_b \\ U^+_c \end{pmatrix} + \begin{pmatrix} U^-_a \\ U^-_b \\ U^-_c \end{pmatrix} + \begin{pmatrix} U^0 \\ U^0 \\ U^0 \end{pmatrix} \tag{2.8}$$

式中

$$\begin{cases} U^+_a = \sum\limits_{k=1}^{\infty} U_k \sin(k\omega t + \varphi^+_k) \\ U^+_b = \sum\limits_{k=1}^{\infty} U_k \sin\left(k\omega t - \dfrac{2}{3}\pi + \varphi^+_k \right) \\ U^+_c = \sum\limits_{k=1}^{\infty} U_k \sin\left(k\omega t + \dfrac{2}{3}\pi + \varphi^+_k \right) \end{cases} \tag{2.9}$$

$$\begin{cases} U_{\mathrm{a}}^{-} = \sum_{k=1}^{\infty} U_k \sin(k\omega t + \varphi_k^{-}) \\[2mm] U_{\mathrm{b}}^{-} = \sum_{k=1}^{\infty} U_k \sin\left(k\omega t - \dfrac{2}{3}\pi + \varphi_k^{-}\right) \\[2mm] U_{\mathrm{c}}^{-} = \sum_{k=1}^{\infty} U_k \sin\left(k\omega t + \dfrac{2}{3}\pi + \varphi_k^{-}\right) \end{cases} \tag{2.10}$$

$$U^0 = \frac{1}{3}(U_{\mathrm{a}} + U_{\mathrm{b}} + U_{\mathrm{c}}) \tag{2.11}$$

其中，k 为整数；φ_k^{+} 为正序电压矢量的初相角；φ_k^{-} 为负序电压矢量的初相角；U_k 为各个频次电压分量的幅值。

将三相电压的零序分量剔除，再经 dq 同步旋转变换，得到 d 轴与 q 轴电压分量，如式 (2.12) 所示：

$$\begin{bmatrix} U_d \\ U_q \end{bmatrix} = C_{dq} \begin{pmatrix} U_{\mathrm{a}} \\ U_{\mathrm{b}} \\ U_{\mathrm{c}} \end{pmatrix} = C_{dq} \begin{pmatrix} U_{\mathrm{a}}^{+} + U_{\mathrm{a}}^{-} \\ U_{\mathrm{b}}^{+} + U_{\mathrm{a}}^{-} \\ U_{\mathrm{c}}^{+} + U_{\mathrm{a}}^{-} \end{pmatrix} = \begin{bmatrix} U_d^{+} \\ U_q^{+} \end{bmatrix} + \begin{bmatrix} U_d^{-} \\ U_q^{-} \end{bmatrix} \tag{2.12}$$

式中

$$\begin{bmatrix} U_d^{+} \\ U_q^{+} \end{bmatrix} = \sqrt{\frac{3}{2}} \sum_{k=1}^{\infty} U_k^{+} \begin{bmatrix} \sin[(k-1)\omega t + \varphi_k^{+}] \\ \cos[(k-1)\omega t + \varphi_k^{+}] \end{bmatrix} \tag{2.13}$$

$$\begin{bmatrix} U_d^{-} \\ U_q^{-} \end{bmatrix} = \sqrt{\frac{3}{2}} \sum_{k=1}^{\infty} U_k^{-} \begin{bmatrix} \sin[(k+1)\omega t + \varphi_k^{-}] \\ \cos[(k+1)\omega t + \varphi_k^{-}] \end{bmatrix} \tag{2.14}$$

$$C_{dq} = \sqrt{\frac{2}{3}} \begin{bmatrix} \sin\omega t & \sin\left(\omega t - \dfrac{2\pi}{3}\right) & \sin\left(\omega t + \dfrac{2\pi}{3}\right) \\[3mm] -\cos\omega t & -\cos\left(\omega t - \dfrac{2\pi}{3}\right) & -\cos\left(\omega t + \dfrac{2\pi}{3}\right) \end{bmatrix} \tag{2.15}$$

其中，U_k^{+} 为电网正序电压分量；U_k^{-} 为电网负序电压分量。

从式 (2.13) 与式 (2.14) 可以看出，通过 dq 变换，第 k 次正序分量变成 dq 坐标的 $k-1$ 次分量，第 k 次负序分量变成 dq 坐标的 $k+1$ 次分量。因此，电压基波的正序分量在 dq 变换后成为直流量，其他分量则对应于交变量，可采用低通滤波器实现交直流分量的分离。令直流分量分别为 $\bar{U}_d$、$\bar{U}_q$，则有

$$\begin{cases} \bar{U}_d = \sqrt{\dfrac{3}{2}}U_1 \sin\varphi_1 \\[3mm] \bar{U}_q = \sqrt{\dfrac{3}{2}}U_1 \cos\varphi_1 \end{cases} \tag{2.16}$$

根据式 (2.16)，可以得到基波电压的幅值及相角：

$$U_1 = \sqrt{\frac{2}{3}[(\bar{U}_d)^2 + (\bar{U}_q)^2]} \tag{2.17}$$

$$\varphi_1 = \arctan\frac{\bar{U}_q}{\bar{U}_d} \tag{2.18}$$

综上可得 dq 基波检测原理框图如图 2.4 所示。

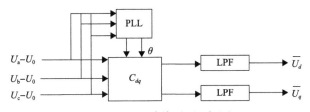

图 2.4　dq 基波检测原理框图
θ 为相位角；PLL 为锁相环；LPF 为低通滤波器

2. 单相系统的电压波动检测

电力系统发生的电压暂降多为单相事件，因此，如何针对单相系统进行电压波动的检测显得尤为重要。目前主要的方法是通过虚构三相系统，采用 dq 变换进行电压暂降参数检测，一般称为瞬时电压 dq 分解法[5]；或虚构正交的 $\alpha\beta$ 系统，通过 $\alpha\beta/dq$ 变换计算电压暂降的特征量，通常称为 $\alpha\beta$ 检测法[6]。上述方法均需通过对电压移相进行电压重构，移相可以采用周期延迟、微分等方案，然而这些方案对频率的变化反应较慢，尤其是微分方案会引入噪声。基于二阶广义积分器的 $\alpha\beta$ 检测法，可以快速构建虚拟正交电压，准确检测电压骤降，下面将对其进行详细介绍。

基于二阶广义积分器的控制结构如图 2.5 所示。其系统的传递函数为

$$D(s) = \frac{U'(s)}{U(s)} = \frac{k\omega_1 s}{s^2 + k\omega_1 s + \omega_1^2} \tag{2.19}$$

$$Q(s) = \frac{qU'(s)}{U(s)} = \frac{k\omega_1^2}{s^2 + k\omega_1 s + \omega_1^2} \tag{2.20}$$

式中，$U(s)$ 为输入电压信号；$U'(s)$ 为输出 1 通道电压信号；$qU'(s)$ 为输出 2 通道电压信号；k 为比例系数；ω_1 为二阶广义积分器谐波频率。

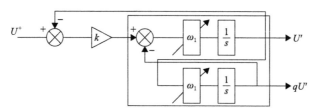

图 2.5　基于二阶广义积分器的控制框图

将频率为 ω 的正弦信号 U 表示为矢量 $\overline{U}$ 的形式，则由式 (2.19) 和式 (2.20) 可计算出图 2.5 所示系统的幅频与相频特性如下：

$$
\begin{cases}
\left|\overline{D}\right| = \dfrac{k\omega_1\omega}{\sqrt{(k\omega_1\omega)^2 + (\omega^2 - \omega_1^2)}} \\[4mm]
\angle D = \arctan\left(\dfrac{\omega_1^2 - \omega^2}{k\omega_1\omega}\right)
\end{cases}
\tag{2.21}
$$

$$
\begin{cases}
\left|\overline{Q}\right| = \dfrac{\omega_1}{\omega}|D| \\[4mm]
\angle Q = \angle D - \dfrac{\pi}{2}
\end{cases}
\tag{2.22}
$$

式中，ω 为输入电压信号频率；$\left|\overline{D}\right|$ 为输出信号 U' 幅值；$\angle D$ 为输出信号 U' 相角；$\left|\overline{Q}\right|$ 为输出信号 qU' 幅值；$\angle Q$ 为输出信号 qU' 相角。

由式 (2.21) 和式 (2.22) 分析知，稳态时 $\omega_1=\omega$，则 $\left|\overline{D}\right|=\left|\overline{Q}\right|=1$，表明图 2.5 所示系统可以实现对电压无静差的跟踪。再者，基于瞬时无功功率理论的检测方法即可得到单相基波电压的幅值与相位跳变。

2.2.2　SVQC 控制策略

SVQC 的控制策略是针对控制环的设计以及稳态、动态性能分析的方法，主要负责提升装置的响应速度和补偿精度。为了使 SVQC 装置能够达到理想的补偿效果，其检测模块要足够灵敏和准确，要有较快的电压跟踪能力。通过电压检测算法可以较快地检测负载电压参考值与故障后电网电压的差值，通过采取相应的补偿策略可以获得较为准确、合适的补偿参考信号。SVQC 装置对补偿参考信号的跟踪性能是由 SVQC 所采取的控制策略决定的，所以选择合适的控制策略能够使得 SVQC 装置具有较好的补偿效果。

1. 前馈控制策略

前馈控制策略属于早期的 SVQC 控制策略，实现比较简单。但是 SVQC 的输出电压在很大程度上容易受电网电压及负载特性的影响，而前馈控制对负载变化的适应性较差，控制精度较差，所以实际补偿效果并不好。为了获得更好的补偿效果，文献[7]提出了一种电压、电流双环控制的复合控制，可以改善电压补偿效果及系统的动态和稳态性能，保证系统的动态响应速度。

图 2.6 所示为 SVQC 的单相等效电路原理图。图中，U_S 为电网电压，U_{SVQC} 为经过滤波之后的补偿电压，U_{inv} 为级联逆变器输出多电平电压，U_c 为滤波电容 C_f 两端的电压，U_L 为负载电压，Z_S 为系统阻抗，Z_{line} 为线路阻抗，Z_L 为负载阻抗，i_s 为电网电流，i_L 为负载电流，i_{Lf} 为流过滤波电感 L_f 的电流，i_{Cf} 为流过滤波电容 C_f 的电流。

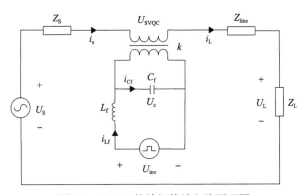

图 2.6　SVQC 的单相等效电路原理图

按照图 2.6 中的电压电流方向，根据基尔霍夫电压定律、基尔霍夫电流定律（KCL），建立 SVQC 的状态方程如下：

$$\begin{cases} L_f \dfrac{\mathrm{d}i_{Lf}}{\mathrm{d}t} = U_{inv} - U_c \\ C_f \dfrac{\mathrm{d}U_c}{\mathrm{d}t} = i_{Lf} + i_s \end{cases} \tag{2.23}$$

根据状态方程画出 SVQC 的前馈控制框图，如图 2.7 所示。其中，U_{ref} 为补偿电压参考值，u_i 为逆变器输出电压指令值；k_{PWM} 为逆变器等效增益，取值为 1；T_{PWM} 表示因信号采样、计算和调制环节总的等效延时，一般取为采样周期 T_s 的 1.5 倍。

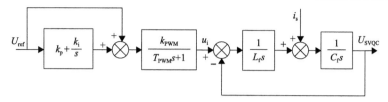

图 2.7　SVQC 的前馈控制框图

根据图 2.7 所示的控制框图，推导出前馈控制方式下系统的传递函数为

$$
\begin{aligned}
U_{\mathrm{SVQC}} &= G_{\mathrm{v1}}(s)U_{\mathrm{ref}} + Z_{\mathrm{of1}}(s)i_{\mathrm{s}} \\
&= \frac{G_1(s)G_2(s)G_3(s)G_4(s) + G_3(s)G_4(s)}{1 + G_3(s)G_4(s)}U_{\mathrm{ref}} + \frac{G_4(s)}{1 + G_3(s)G_4(s)}i_{\mathrm{s}}
\end{aligned} \tag{2.24}
$$

式中，$G_{\mathrm{v1}}(s)$ 为电压增益函数，表征了空载时补偿电压对补偿电压参考值的跟踪能力；$Z_{\mathrm{of1}}(s)$ 为逆变器在基波频率处的等效输出阻抗：

$$
\begin{cases}
G_{\mathrm{v1}}(s) = \dfrac{G_1(s)G_2(s)G_3(s)G_4(s) + G_3(s)G_4(s)}{1 + G_3(s)G_4(s)} \\[3mm]
Z_{\mathrm{of1}}(s) = \dfrac{G_4(s)}{1 + G_3(s)G_4(s)}
\end{cases} \tag{2.25}
$$

$$
\begin{cases}
G_1(s) = k_{\mathrm{p}} + \dfrac{k_{\mathrm{i}}}{s} \\[2mm]
G_2(s) = \dfrac{k_{\mathrm{PWM}}}{T_{\mathrm{PWM}}s + 1} \\[2mm]
G_3(s) = \dfrac{1}{L_{\mathrm{f}}s} \\[2mm]
G_4(s) = \dfrac{1}{C_{\mathrm{f}}s}
\end{cases} \tag{2.26}
$$

假设 SVQC 系统的电路参数如下：$L_{\mathrm{f}}=0.5\mathrm{mH}$，$C_{\mathrm{f}}=10\mu\mathrm{F}$，$T_{\mathrm{s}}=0.1\mathrm{ms}$，$k_{\mathrm{p}}=10$，$k_{\mathrm{i}}=2$，画出 $G_{\mathrm{v1}}(s)$、$Z_{\mathrm{of1}}(s)$ 的波特图分别如图 2.8 和图 2.9 所示。

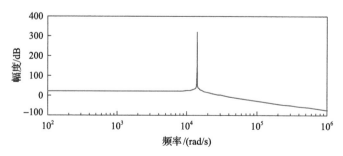

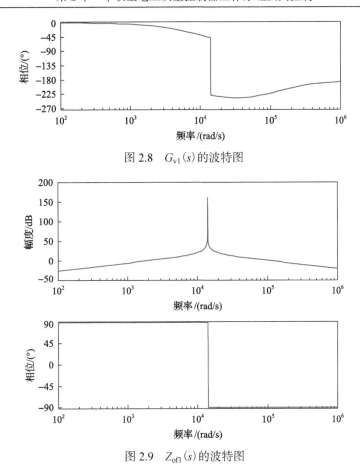

图 2.8　$G_{v1}(s)$ 的波特图

图 2.9　$Z_{of1}(s)$ 的波特图

从图 2.8、图 2.9 中可以看出，$G_{v1}(s)$ 和 $Z_{of1}(s)$ 在 LC 谐振频率点的增益被过度放大了，容易导致控制系统不稳定。另外，$G_{v1}(s)$ 在 LC 谐振频率点的谐振尖峰较大，说明系统容易出现振荡现象。$Z_{of1}(s)$ 在谐振频率点的谐振尖峰较大，说明输出的补偿电压易受电网电流(负载电流)的影响。所以，单纯的前馈控制不能够满足 SVQC 性能的要求。

2. 复合控制策略

综上分析可知，前馈控制能够获得快速响应，完成相应的补偿，且易于控制，但是该控制方式为开环控制，只能进行有差调节，为了更好地跟踪补偿参考电压，可以采用补偿电压反馈的控制方式，采用补偿电压与补偿参考电压比较后的差值，经过比例积分(PI)控制器后，作为逆变器的控制信号，以此实现对电压参考信号的无差控制。但是单纯的补偿电压反馈仍然没有足够的稳定裕度。

为了提高系统的稳态与动态性能，采用电压外环、电流内环的双闭环控制方式，其控制框图如图 2.10 所示。

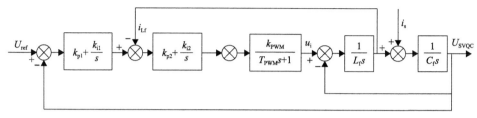

图 2.10　复合控制框图

根据图 2.10 所示的控制框图，推导出复合控制方式下系统的传递函数为

$$U_{\text{SVQC}} = G_{v2}(s)U_{\text{ref}} + Z_{\text{of2}}(s)i_s$$

$$= \frac{G_1(s)G_2(s)G_3(s)G_4(s)G_5(s)}{G_1(s)G_2(s)G_3(s)G_4(s)G_5(s) + G_2(s)G_3(s)G_4(s) + G_4(s)G_5(s) + 1}U_{\text{ref}} \quad (2.27)$$

$$+ \frac{G_2(s)G_3(s)G_4(s)G_5(s) + G_5(s)}{G_1(s)G_2(s)G_3(s)G_4(s)G_5(s) + G_2(s)G_3(s)G_4(s) + G_4(s)G_5(s) + 1}i_s$$

式中

$$\begin{cases} G_1(s) = k_{\text{p1}} + \dfrac{k_{\text{i1}}}{s} \\[2mm] G_2(s) = k_{\text{p2}} + \dfrac{k_{\text{i2}}}{s} \\[2mm] G_3(s) = \dfrac{k_{\text{PWM}}}{T_{\text{PWM}}s + 1} \\[2mm] G_4(s) = \dfrac{1}{L_f s} \\[2mm] G_5(s) = \dfrac{1}{C_f s} \end{cases} \quad (2.28)$$

$$\begin{cases} G_{v2}(s) = \dfrac{G_1(s)G_2(s)G_3(s)G_4(s)G_5(s)}{G_1(s)G_2(s)G_3(s)G_4(s)G_5(s) + G_2(s)G_3(s)G_4(s) + G_4(s)G_5(s) + 1} \\[4mm] Z_{\text{of2}}(s) = \dfrac{G_2(s)G_3(s)G_4(s)G_5(s) + G_5(s)}{G_1(s)G_2(s)G_3(s)G_4(s)G_5(s) + G_2(s)G_3(s)G_4(s) + G_4(s)G_5(s) + 1} \end{cases} \quad (2.29)$$

在相同参数下，假设 $k_{\text{p1}}=10$，$k_{\text{i1}}=2$，$k_{\text{p2}}=10$，$k_{\text{i2}}=10$，画出 $G_{v2}(s)$、$Z_{\text{of2}}(s)$ 的波特图分别如图 2.11 和图 2.12 所示。

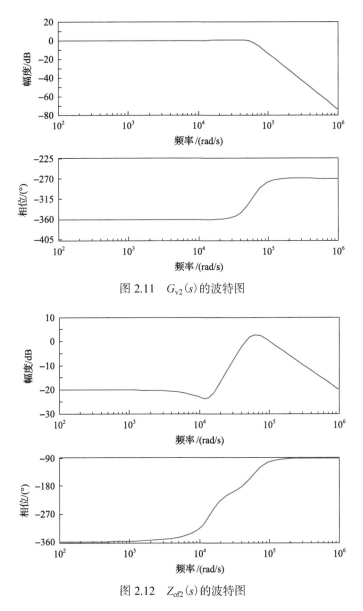

图 2.11 $G_{v2}(s)$ 的波特图

图 2.12 $Z_{of2}(s)$ 的波特图

从图 2.11 和图 2.12 中可以看出，$G_{v2}(s)$ 和 $Z_{of2}(s)$ 在 LC 谐振频率点的谐振尖峰得到很好的衰减。$G_{v2}(s)$ 在低频段的性能得到较好的提升，且补偿电压对补偿参考电压的稳定裕度进一步增大。$Z_{of2}(s)$ 在低频阶段的增益也较小，表明负载电流对 SVQC 输出补偿电压的影响也得到了很好的抑制，并且负载电流抑制的范围也较前馈控制相比大很多。

2.3　本 章 小 结

　　本章首先介绍了 SVQC 的典型拓扑结构及其工作原理，并对完全补偿、同相补偿与最小能量补偿三种典型电压补偿策略进行了介绍。其次，基于瞬时无功功率检测方法，详细阐述了三相系统与单相系统电压扰动的检测原理。最后，对前馈控制策略与复合控制策略进行了详细的对比分析，相比较而言，复合控制策略在保证系统的动态和稳态性能方面更具优势。

参 考 文 献

[1] 刘海春. 中频动态电压恢复器关键技术研究[D]. 南京: 南京航空航天大学, 2017.

[2] 裴喜平. 动态电压恢复器检测和控制方法研究[D]. 兰州: 兰州理工大学, 2014.

[3] 马聪, 高峰, 田昊, 等. 适用于并网系统低电压穿越的电压检测算法[J]. 电力系统自动化, 2015, 39(5): 122-127.

[4] Farhadi-Kangarlu M, Babaei E, Blaabjerg F. A comprehensive review of dynamic voltage restorers[J]. Electrical Power and Energy Systems, 2017, 92: 136-155.

[5] 肖湘宁, 徐永海, 刘昊. 电压凹陷特征量检测算法研究[J]. 电力自动化设备, 2002, 22(1): 19-22.

[6] 杨亚飞, 颜湘武, 楼尧林. 一种新的电压骤降特征量的检测方法[J]. 电力系统自动化, 2004, 28(2): 41-44.

[7] Vilathgamuwa M, Ranjith Perera A A D, Choi S S. Performance improvement of the dynamic voltage restorer with closed-loop load voltage and current-mode control[J]. IEEE Transactions on Power Electronics, 2002, 17(5): 824-834.

第3章 串联型电压质量控制器的输出特性分析与平滑启停技术

SVQC 的输出特性分析和运行边界的确定是其功能实现、控制策略优化的前提与基础,而 SVQC 的平滑启停技术能够有效降低电压补偿相角跳变造成的危害,提高供电品质。本章从功率耦合情况复杂的并联侧供能型 SVQC 出发,提取影响 SVQC 输出能力的主要因素,对其输出边界进行定量刻画;从直流侧电压稳定和功率守恒的角度,分析 SVQC 最大带载能力;研究电网电压波动下 SVQC 补偿全过程中相角跳变的产生机理与影响因素,揭示 SVQC 补偿过程中的过调制现象,提出电网电压波动下 SVQC 的平滑启停策略。

3.1 串联型电压质量控制器输出特性分析

当电网发生电能质量问题时,SVQC 通过串联变流器输出电压保证负载侧电压幅值恒定,此时,串联变流器与电网发生能量交换。对于 SVQC 而言,这部分能量通常由并联变流器提供。因此,并联变流器成为稳定直流侧电压、提供补偿过程所需能量的关键环节,分析 SVQC 并联侧带负载能力对 SVQC 系统实现电压质量调节功能具有重要意义。

3.1.1 基于直流侧电压稳定和功率守恒的带载能力分析

1. 直流侧电压稳定情况下的带载能力分析

图 3.1(a)为单相 SVQC 并联变流器拓扑图,$S_1 \sim S_4$ 为开关管,R 为等效电阻。建立并联部分的单相低频模型如图 3.2(a)所示。这里假定并联部分单位功率因数运行,其电压矢量图如图 3.2(b)所示,其中 φ 为 U_S 超前 U_m 的角度。

首先,电网电压和并联部分输出电流为

$$\begin{cases} U_S = U_{Sm} \sin(\omega t) \\ i_p = I_m \sin(\omega t - \theta) \end{cases} \tag{3.1}$$

式中,θ 为并联部分电压超前电流的相位角;U_{Sm} 为电源电压幅值;i_p 为电源电流幅值。由单极性正弦脉宽调制(SPWM)原理有

$$\begin{cases} U_{\mathrm{m}} = V_{\mathrm{m}} \sin(\omega t - \varphi) \\ V_{\mathrm{m}} = m_1 U_{\mathrm{dc}} \\ m(t) = m_1 \sin(\omega t - \varphi) \end{cases} \tag{3.2}$$

式中，U_{m} 为并联部分输出电压；ω 为基波电压频率；V_{m} 为并联部分输出电压幅值；U_{dc} 为直流侧电压；$m(t)$ 为调制波；m_1 为调制波幅值。

考虑到整流器单位功率因数运行时有 $\theta=0$，可得直流侧电流为

$$i_{\mathrm{dc}} = i_{\mathrm{p}} m(t) = m_1 \sin(\omega t - \varphi) I_{\mathrm{m}} \sin(\omega t) = \frac{1}{2} m_1 I_{\mathrm{m}} \cos\varphi - \frac{1}{2} m_1 I_{\mathrm{m}} \cos(2\omega t - \varphi) \tag{3.3}$$

式中，I_{m} 为并联部分输出电流幅值。

通过直流侧电流的 KCL 有

$$C \frac{\mathrm{d}U_{dc}}{\mathrm{d}t} + \frac{U_{dc}}{R} = \frac{1}{2} m_1 I_{\mathrm{m}} \cos\varphi - \frac{1}{2} m_1 I_{\mathrm{m}} \cos(2\omega t - \varphi) \tag{3.4}$$

式中，C 为直流侧电容。

根据式(3.4)得

$$U_{\mathrm{dc}} = \frac{m_1 R U_{\mathrm{Sm}} \sin\varphi}{2\omega L_1} - \frac{m_1 R U_{\mathrm{Sm}} \tan\varphi}{2\omega L_1 \left[1 + (\omega C R)^2\right]} [\cos(2\omega t - \varphi) + 2\omega C R \sin(2\omega t - \varphi)] \tag{3.5}$$

因此，直流侧电压由直流分量和二倍频率交流分量组成，直流分量主要与电网电压、电感值、调制比有关，记作 U_{dc1}。除此之外，二倍频率交流电压分量 U_{dc2} 还与 R 有关。当带载情况变化时，直流侧电容电压的稳定可通过调节 m_1 和 φ 来实现[1]。

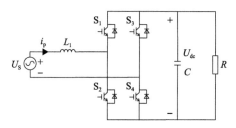

(a) 单相SVQC并联变流器拓扑图

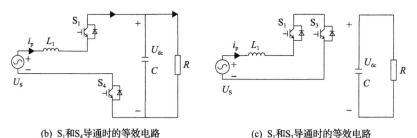

(b) S_1和S_4导通时的等效电路　　　　　　(c) S_1和S_3导通时的等效电路

图 3.1　SVQC 并联部分拓扑及其等效原理图

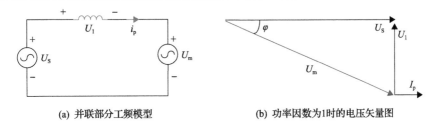

(a) 并联部分工频模型　　　　　(b) 功率因数为1时的电压矢量图

图 3.2　SVQC 并联部分等效电路及矢量图

SVQC 并联部分电压矢量关系如图 3.3 所示，进而有

$$U_m^2 = U_{Sm}^2 + (\omega L_1 I_m)^2 - 2U_{Sm}\omega L_1 I_m \cos(90° - \theta) \tag{3.6}$$

式中，L_1 为并联部分滤波电感。

依据式(3.2)和式(3.6)，解得 I_m 为

$$I_m = \frac{\sqrt{m_1^2 U_{dc}^2 - U_{Sm}^2}}{\omega L_1} \tag{3.7}$$

由于 $0<m_1<1$，在其他参数固定情况下，I_m 最大值为

$$I_{mmax} = \frac{\sqrt{U_{dc}^2 - U_{Sm}^2}}{\omega L_1} \tag{3.8}$$

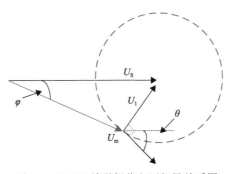

图 3.3　SVQC 并联部分电压矢量关系图

在 U_{dc} 不变的情况下，R 的减小将导致 i_p 增大，进而造成 U_1 增大，运行点从 A 往 D 方向运动，如图 3.4 所示，只要 U_m 幅值在 V_{mmax} 的单位圆内，系统就稳定[2]。

忽略二倍频率交流电压部分，设定式(3.5)中 U_{dc} 的参考值为 U_{dcref}，则有

$$\frac{m_1 R U_{Sm} \sqrt{U_{dcref}^2 - U_{Sm}^2}}{2\omega L_1 U_{dcref}} = U_{dcref} \tag{3.9}$$

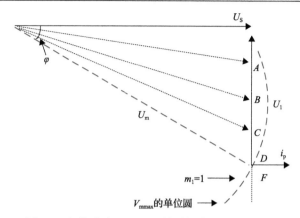

图 3.4　负荷波动下 SVQC 并联部分的电压矢量图

依据式 (3.9)，得到 SVQC 并联部分的最大带载能力为

$$R_{\min} = \frac{2\omega L_1}{\dfrac{U_{\mathrm{Sm}}}{U_{\mathrm{dcref}}}\sqrt{1-\left(\dfrac{U_{\mathrm{Sm}}}{U_{\mathrm{dcref}}}\right)^2}} \tag{3.10}$$

2. 基于功率守恒的带载能力分析

下面将从功率守恒角度对上述分析进行验证，由图 3.4 中矢量关系可得

$$I_{\mathrm{m}} = \frac{U_{\mathrm{Sm}}\tan\varphi}{\omega L_1} \tag{3.11}$$

$$U_{\mathrm{m}}\cos\varphi = m_1 U_{\mathrm{dc}}\cos\varphi = U_{\mathrm{Sm}} \tag{3.12}$$

假定直流侧电压稳定，由并联部分有功功率守恒可知：

$$\frac{U_{\mathrm{Sm}}I_{\mathrm{m}}}{2} = \frac{U_{\mathrm{dc}}^2}{R} \tag{3.13}$$

将式 (3.11) 和式 (3.12) 代入式 (3.13)，得到 m_1、φ 和 R 三者的关系：

$$\frac{U_{\mathrm{Sm}}^2\tan\varphi}{2\omega L_1} = \frac{U_{\mathrm{Sm}}^2}{m_1^2\cos^2\varphi R} \tag{3.14}$$

依据式 (3.14) 求 m_1、φ 对 R 的偏微分为

$$\frac{\partial m_1}{\partial R} = -\frac{m_1}{2R} \tag{3.15}$$

$$\frac{\partial \varphi}{\partial R} = -\frac{\sin(2\varphi)}{R\cos(2\varphi)} \tag{3.16}$$

考虑到 m_1 和 φ 为 R 的减函数，进而单位功率因数运行条件下 φ 的取值范围为

$$0 < \varphi < \frac{\pi}{4} \tag{3.17}$$

将式(3.11)代入式(3.13)得

$$R = \frac{2\omega L_1 U_{dc}^2}{U_{Sm}^2 \tan\varphi} \tag{3.18}$$

此外，考虑 $m_1=1$ 时，$U_m=U_{dc}$，进而有

$$\tan\varphi = \frac{\sqrt{U_{dc}^2 - U_{Sm}^2}}{U_{Sm}} \tag{3.19}$$

将式(3.19)代入式(3.18)，则得到并联变流器单位功率因数下最大带载能力为

$$R_{\min} = \frac{2\omega L_1}{\dfrac{U_{Sm}}{U_{dcref}}\sqrt{1-\left(\dfrac{U_{Sm}}{U_{dcref}}\right)^2}} \tag{3.20}$$

因此，两种思路最终结果保持一致。值得注意的是，上述带载能力的分析均忽略了直流侧电压二次纹波的影响，但在重载下二次纹波大小对带载能力的影响则不能忽略。这里认为整流侧采用传统的电压电流双闭环控制，为简化分析，直流侧电压外环采用比例控制器，进而有电流内环的直流参考信号为

$$i_{err} = K_{vp}(U_{dcref} - U_{dc1}) - K_{vp}U_{dc2}\sin(2\omega t + \beta) \tag{3.21}$$

式中，K_{vp} 为电压外环比例系数，进而得到电流内环的电流参考信号：

$$
\begin{aligned}
i_{pref} &= i_{err}\sin(\omega t) \\
&= K_{vp}(U_{dcref}-U_{dc1})\sin(\omega t) - \frac{1}{2}K_{vp}U_{dc2}\cos(\omega t+\beta) + \frac{1}{2}K_{vp}U_{dc2}\cos(3\omega t+\beta)
\end{aligned} \tag{3.22}
$$

根据式(3.22)，直流侧二次纹波导致参考电流中存在了工频交流和三倍频交流量，而且随着直流侧二次纹波的增大而增大。总结可知，随着负载增加，直流侧二次纹波含量增大，也会导致并网电流中产生大的三次谐波电流，进而影

响电能质量，同样也会产生附加损耗，所以并联部分带载能力应当比式(3.20)的要小[3]。

3.1.2　SVQC 最大输出能力分析

由上述分析可知，随着跌落幅度的加深，在保持输出功率不变的情况下，流过并联变流器的电流增大，甚至超出自身的过流水平。而在电压跌落深度加深/负载变重的情况下，整流器自身带载能力的下降与串联变流器有功需求的增加之间矛盾突出，亟须充分考虑并联部分最大带载能力的 SVQC 串联侧最大输出能力分析。相关结论为 SVQC 的参数设计提供理论指导，防止过调制问题的发生[4]。

SVQC 串联变流器可以看作并联整流器直流侧的负载，其动静态行为同样影响整流器部分的稳定。因此，有必要对其直流侧等效模型进行研究，从而揭示其作为前端整流系统的负载特性。SVQC 串联变流器的简化等效模型由直流分量和交流分量两个部分组成，如图 3.5 右侧虚线框所示[5]。设逆变器出口电压 U_{inv} 的幅值为 U_k，SVQC 输出电压 U_{SVQC} 的幅值为 U_{SVQCm}。

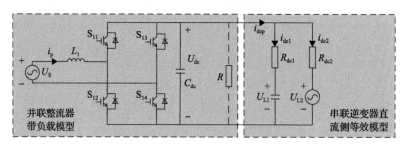

图 3.5　并联、串联变流器等效模型

i_p 为并联侧电网电流；L_1 为滤波电感；U_{dc} 为直流侧电压；C_{dc} 为直流侧电容；i_{dcp} 为直流侧电流；i_{dc1} 和 R_{dc1} 分别为串联等效直流支路 1 的电阻；U_{L1} 和 U_{L2} 分别为等效直流支路 1 和支路 2 的直流电压；i_{dc2} 和 R_{dc2} 分别为串联等效直流支路 2 的电流和电阻

依据文献[5]，纯电阻负载情况下采取同相补偿策略时 SVQC 串联部分在直流侧的输入电导可表示为

$$G_{dc} = \frac{i_{dcp}}{U_{dc}} = \frac{m_2^2}{2\omega L_2}\sqrt{1+\rho^2-2\rho\cos\varphi_2}\cos\varphi_2 - \frac{m_2^2}{2\omega L_2}\sqrt{1+\rho^2-2\rho\cos\varphi_2}\cos(2\omega t+\varphi_2)$$

$$= G_{dc1} + G_{dc2}$$

$$(3.23)$$

式中，φ_2 为 U_{SVQC} 与 U_{inv} 的夹角；i_{dcp} 为直流侧电压；m_2 为调制比；ρ 为 U_k 与 U_{SVQCm} 之比；G_{dc1} 为直流分量；G_{dc2} 为二倍频的交流分量。

当只考虑直流分量时串联变流器的稳态阻抗值为

$$R_{\text{dc1}} = \frac{U_{\text{dc}}}{i_{\text{dcp1}}} = \frac{2\omega L_2}{m_2^2 \cos\varphi_2 \sqrt{1+\rho^2-2\rho\cos\varphi_2}} \tag{3.24}$$

考虑 $\rho = \dfrac{U_{\text{SVQCm}}}{U_{\text{k}}}$ ， $U_{\text{k}} = m_2 U_{\text{dc}}$ ， $\cos\varphi_2 = \dfrac{U_{\text{SVQCm}}}{U_{\text{k}}}$ ，化简式 (3.24) 可得

$$R_{\text{dc1}} = \frac{2\omega L_2}{\sqrt{\left(\dfrac{m_2 U_{\text{SVQCm}}}{U_{\text{dc}}}\right)^2 - \left(\dfrac{U_{\text{SVQCm}}}{U_{\text{dc}}}\right)^4}} \tag{3.25}$$

SVQC 稳定输出状态下并联供能端变流器的带载能力应小于串联侧的直流侧等效阻抗，即

$$R_{\text{dc1}} \geqslant R_{\min} \tag{3.26}$$

进而，由式 (3.20) 和式 (3.25) 可知：

$$\frac{2\omega L_2}{\sqrt{\left(\dfrac{m_2 U_{\text{SVQCm}}}{U_{\text{dc}}}\right)^2 - \left(\dfrac{U_{\text{SVQCm}}}{U_{\text{dc}}}\right)^4}} \geqslant \frac{2\omega L_1}{\dfrac{U_{\text{Sm}}}{U_{\text{dc}}}\sqrt{1-\left(\dfrac{U_{\text{Sm}}}{U_{\text{dc}}}\right)^2}} \tag{3.27}$$

令 $\dfrac{U_{\text{Sm}}}{U_{\text{dc}}}\sqrt{1-\left(\dfrac{U_{\text{Sm}}}{U_{\text{dc}}}\right)^2} = K$ ，可得

$$U_{\text{SQVCm}}^2 \left[\left(m_2 U_{\text{dc}}\right)^2 - U_{\text{SQVCm}}^2\right] \leqslant \left(\frac{L_2 K}{L_1}\right)^2 U_{\text{dc}}^4 \tag{3.28}$$

依据图 2.3(a) 的向量关系，得到纯电阻负载下电压幅值关系：

$$U_{\text{SQVCm}}^2 = \left(m_2 U_{\text{dc}}\right)^2 - \left(I_{\text{Lm}}\omega L_2\right)^2 \tag{3.29}$$

式中，I_{Lm} 为 I_{L} 的幅值。

将式 (3.29) 代入式 (3.28)，得

$$\left[\left(m_2 U_{\text{dc}}\right)^2 - \left(I_{\text{Lm}}\omega L_2\right)^2\right]\left(I_{\text{Lm}}\omega L_2\right)^2 \leqslant \left(\frac{L_2 K}{L_1}\right)^2 U_{\text{dc}}^4 \tag{3.30}$$

考虑 $I_{\text{Lm}} = U_{\text{Lm}}/Z_{\text{L}}$，整理可得

$$m_2 \leqslant \sqrt{\frac{K^2 U_{\text{dc}}^2 Z_{\text{L}}^2}{\left(U_{\text{Lm}}\omega L_1\right)^2} + \frac{\left(U_{\text{Lm}}\omega L_2\right)^2}{U_{\text{dc}}^2 Z_{\text{L}}^2}} \tag{3.31}$$

结合 K 的表达式可以看出,串联变流器的调制比与变流器电路参数、直流侧电压、负荷大小、电网电压幅值均存在关系。

m_2 的大小决定了串联逆变器的输出幅值,将 K 代入式(3.31),由于电压跌落时 U_S 幅值为 $(1-k_\mathrm{sag})U_\mathrm{Smref}$,这里先假定直流侧电压保持在 U_dcref 不变,得

$$m_2 \leqslant \sqrt{\dfrac{Z_\mathrm{L}^2\left(1-k_\mathrm{sag}\right)^2\left\{1-\left[\dfrac{\left(1-k_\mathrm{sag}\right)U_\mathrm{Smref}}{U_\mathrm{dcref}}\right]^2\right\}}{\left(\omega L_1\right)^2}+\dfrac{\left(U_\mathrm{Smref}\omega L_2\right)^2}{U_\mathrm{dcref}^2 Z_\mathrm{L}^2}} \tag{3.32}$$

令电网电压和负载大小为 1p.u.,绘制 m_2 的极限取值范围如图 3.6 所示。可以看到,串联变流器调制比 m_2 的极限取值范围与 k_sag 的大小成反比,即证明 SVQC 的输出能力随着 k_sag 的增大而减小。

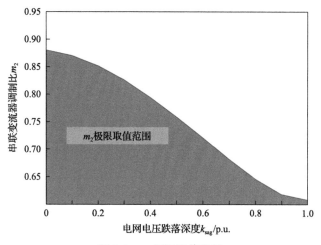

图 3.6　m_2 极限取值范围

结合式(3.29)和式(3.32),可得 SVQC 在直流侧电压稳定和并联功能部分单位功率因数运行约束下的最大输出能力为

$$U_\mathrm{SVQCmax}=\dfrac{\left(1-k_\mathrm{sag}\right)Z_\mathrm{L}\sqrt{U_\mathrm{dcref}^2-\left[\left(1-k_\mathrm{sag}\right)U_\mathrm{Smref}\right]^2}}{\omega L_1} \tag{3.33}$$

依据式(3.33)绘制负荷波动幅度、电网电压跌落深度、U_SVQCmmax 的关系曲线如图 3.7 所示,系统参数按照表 3.1 选取。由图 3.7 可以明确地看出负荷波动幅度、电网电压跌落深度均会影响 SVQC 的稳定输出边界,SVQC 最大输出能力与 k_sag 成反比,与负荷大小成正比。其他情况下,可根据功率因数大小和选取的补偿策略,对式(3.29)进行修正,然后参考本节方法得到 SVQC 的最大输出能力。

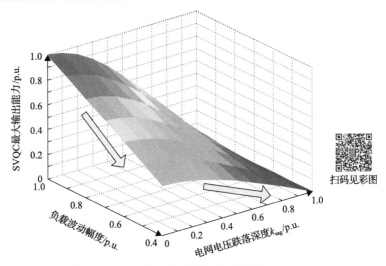

图 3.7　SVQC 最大输出能力关系曲线

表 3.1　SVQC 并联部分仿真参数

参数名称	参数值
电网额定电压 U_S	220V
直流侧额定电压 U_{dc}	450V
并联侧电感 L_1	4.5mH
滤波电感 L_2	3mH
滤波电容 C_2	50μF
直流侧电容 C	4000μF
变压器变比 n	1∶1

通过上述分析可知，对于并联供能型 SVQC，其最大输出能力与负荷大小、直流侧电压、变流器电路参数、电压跌落幅度均存在关系。因此在参数设计过程中，首先考虑并联整流器工作电压等级来初步确定直流侧电压 U_{dcref}，依据式(3.33)，基于需要治理的电网电压跌落事件的深度 k_{sagmax} 和负荷情况得到 SVQC 需要输出的最大电压幅值。然后利用式(3.28)进行校核，看选择的 U_{dcref} 是否满足要求，如果不能满足，则需要进行调整并继续进行校核。本书采用的研究方法同样适用于不同运行策略、不同负载工况下的 SVQC 输出特性分析。

3.2　串联型电压质量控制器的平滑启停技术

SVQC 通过灵活控制其输出电压的幅值/相位大小，将电网电压跌落/抬升等小扰动对负载侧的影响降到最低。值得注意的是，系统电压跌落事件通常伴随着相角跳变的产生，跳变角大小主要由电源和线路阻抗之比决定[6]，然而，某些敏感负荷难以承受大的相角跳变[7]，如相角跳变可能导致电机、变压器、电容运行中产生暂态冲击电流[8,9]。因此，SVQC 的最优运行策略应当在补偿电压幅值跌落的同时尽可能地减小补偿阶段的有功需求，还可以减小相角跳变造成的危害。基于此，本节分析了 SVQC 相角控制原理，提出基于相角控制的 SVQC 平滑启停方法。

3.2.1 SVQC 相角控制原理

1. 相角跳变影响分析

为了分析相角跳变产生的原因，这里假设馈线 1 给普通负载供电，馈线 2 给敏感负载供电。SVQC 串联接入公共耦合点(point of common coupling，PCC)和敏感负荷之间，通过调整输出电压的幅值和相位，减小 PCC 电压波动对敏感负载的影响，如图 3.8 所示。

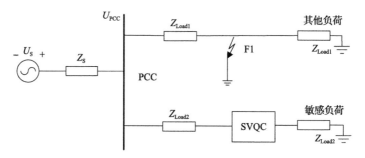

图 3.8　SVQC 的安装位置示意图

若相邻馈线在 F1 点发生金属性短路接地故障，故障前 PCC 电压为

$$U_{PCC} = U_S \frac{Z_1 Z_2}{Z_1 Z_2 + (Z_1 + Z_2) Z_S} \tag{3.34}$$

式中，U_S 为电源侧电压；Z_S 为电网等效阻抗；$Z_1 = Z_{L1} + Z_{Load1}$，其中 Z_{L1} 为馈线 1 的线路等效阻抗，Z_{Load1} 为馈线 1 负荷等效电阻；$Z_2 = Z_{L2} + Z_{Load2}$，其中 Z_{L2} 为馈线 2 的线路等效阻抗，Z_{Load2} 为馈线 2 负荷等效电阻。

故障后 PCC 的电压为

$$U'_{PCC} = U_S \frac{Z_{L1} Z_2}{Z_{L1} Z_2 + (Z_{L1} + Z_2) Z_S} \tag{3.35}$$

对比式(3.34)和式(3.35)可知，由于 $Z_{L1} < Z_{Load2}$，若相邻馈线发生短路接地故障，Z_S 中较小的感抗分量，都会造成 U'_{PCC} 的幅值跌落，相位角也会发生跳变。

为了表示跳变角与电压幅值突变的关系，假设 SVQC 工作于最小能量补偿模式，如图 3.9 所示，定义电压幅度变化量为 ΔU_{Lm}，具体表示如下：

$$\Delta U_{Lm} = \sqrt{2}U_{Lref}\left[\sin\left(\omega t + \theta_L + \sigma\right) - \sin\left(\omega t\right)\right] \tag{3.36}$$

图 3.10 表示 σ 取值不同(分别为 0°、10°、20°、30°)时 ΔU_{Lm} 的变化情况(从 ΔU_{Lm0} 到 ΔU_{Lm3}),从图中可以明显看出,负载电压幅值跳变的大小与跳变角成正比。此外,最小能量补偿策略决定了电压幅值的变化趋势。模拟电网在 0.42～0.50s 期间发生跌落深度为 0.2p.u.、跳变角为 10° 的电压跌落事件,由图 3.11 可知,采用传统最小能量补偿后,U_L 的幅值在补偿阶段可以保持恒定,但仍可以清晰地看出 U_L 在补偿初期和末期均有一个大的相角跳变产生。

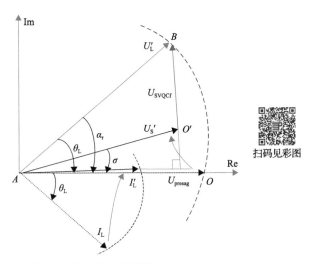

图 3.9　最小能量补偿策略下的向量图

U_{presag} 为跌落前的电网电压

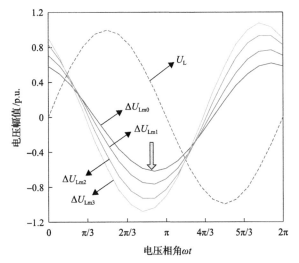

图 3.10　相角跳变角与电压幅度突变幅值关系

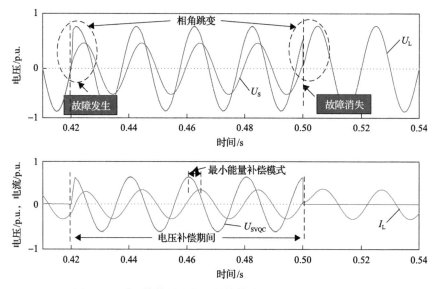

图 3.11　采用传统最小能量补偿策略下 SVQC 的治理效果

2. 相角控制原理分析

为减小电压跳变角对负荷的影响，文献[6]提出了一种改进型最小能量补偿策略。该策略可实现 SVQC 从完全补偿模式平滑切换到最小能量补偿策略，切换思路如图 3.12 中蓝色曲线的运行轨迹所示，补偿电压的向量以 O' 为圆心，以弧 OB

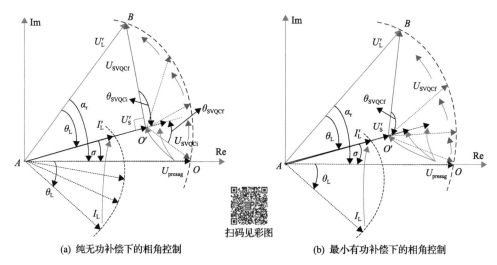

(a) 纯无功补偿下的相角控制　　　　　　　　　　(b) 最小有功补偿下的相角控制

图 3.12　相角控制原理

U_{SVQCi}、U_{SVQCf} 和 θ_{SVQCi}、θ_{SVQCf} 分别表示平滑切换过程初始运行模态和最终运行模态时 SVQC 的输出电压与相角；α_r 为补偿后 U_{SVQCf} 与 U_{presag} 之间的相角差；
σ 为电压跌落伴随的跳变角；θ_L 为负载功率因数角

为运行轨迹,从 $O'O$ 缓慢变为 $O'B$。

通过利用 U_{presag}、U_{SVQCi} 以及 U'_S 三者之间的关系,得到 SVQC 补偿电压初始时刻有效值 U_{SVQCi} 和相角 θ_{SVQCi}:

$$U_{SVQCi} = \sqrt{U_{presag}^2 + U_S'^2 - 2U_{presag}U'_S\cos\sigma} \tag{3.37}$$

$$\theta_{SVQCi} = -\left\{\pi - \arccos\left[\frac{U_{SVQCi}^2 + U_S'^2 - U_{presag}^2}{2U'_S U_{SVQCi}}\right]\right\} \tag{3.38}$$

为实现初始状态向最终状态的平滑过渡,定义一个平滑切换过程(smooth transition 1, ST1),切换过程中 SVQC 的补偿相角表示为

$$\theta_{trans\,1} = \theta_{SVQCi} + \frac{\theta_{SVQCf} - \theta_{SVQCi}}{\Delta t_1}t \tag{3.39}$$

式中,Δt_1 为完成 ST1 阶段所需时间,Δt_1 值越小,SVQC 补偿期间消耗的有功就越小。

3.2.2 基于相角控制的 SVQC 平滑启停方法

本节基于最小能量补偿策略和相角控制原理,对 SVQC 补偿全过程的电压跌落和相角跳变进行分析,提出一种系统性的电压跌落和相角跳变抑制方法,可实现 SVQC 的平滑启动与退出,为敏感负荷的优质供电提供保障;同时,为防止 SVQC 运行状态超出极限范围,提出补偿电压参考值调整方法。

1. 基于相角控制的 SVQC 运行边界分析

通过以上分析可知,SVQC 补偿初期的相角跳变可以通过 ST1 来解决,然而从图 3.11 可以看出,若采用最小能量补偿策略的 SVQC 在电压跌落消失瞬间直接退出,负载电压将再一次出现相角跳变问题。因此,基于相角控制的 SVQC 平滑切换过程在整个电压跌落期间需进行两次,而且补偿末期平滑切换的初始状态需与补偿初期平滑切换的最终状态进行有效衔接。总之,SVQC 的运行策略应保证补偿全过程中负载侧电压质量最优。

1)SVQC 补偿全过程相角跳变治理

当电压跌落消失后,系统电压 U'_S 恢复至 U_{presag} 状态[7]。由图 3.13(a)可知,若 SVQC 输出补偿电压 U_{ri},则负载电压仍可保持 ST1 完成后的幅值和相位不变,由此电压跌落恢复后的相角跳变得到有效抑制。进一步通过另一个平滑切换过程(smooth transition 2, ST2),则可以保证 SVQC 平滑退出运行。以 $k_{sag} > 1 - \cos\theta_L$

时为例，补偿末期 ST2 过程的 U_{SVQC} 向量变化情况如图 3.13(b) 中蓝色曲线的运行轨迹所示，补偿电压的向量以 O 为圆心，以弧 OB 为运行轨迹，从 OB 缓慢变为 O 点。有电压向量关系：

$$U_{\text{presag}} + U_{\text{ri}} = Y_{\text{L}}' \tag{3.40}$$

由图 3.13(a) 得到 α_{r} 的表达式为

$$\alpha_{\text{r}} = \begin{cases} \theta_{\text{L}} + \sigma, & k_{\text{sag}} > 1 - \cos\theta_{\text{L}} \\ \theta_{\text{L}} + \theta_{\text{SVQCf}} - \dfrac{\pi}{2} + \sigma, & k_{\text{sag}} \leqslant 1 - \cos\theta_{\text{L}} \end{cases} \tag{3.41}$$

相应地，由式 (3.41) 可得 ST2 初始运行状态时 SVQC 输出电压的相角和有效值：

$$\theta_{\text{ri}} = \pi - \dfrac{\pi - \alpha_{\text{r}}}{2} \tag{3.42}$$

$$U_{\text{ri}} = \sqrt{U_{\text{L}}'^{\,2} + U_{\text{presag}}^2 - 2U_{\text{L}}'U_{\text{presag}}\cos\alpha_{\text{r}}} \tag{3.43}$$

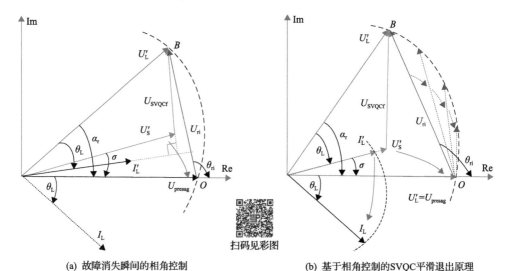

(a) 故障消失瞬间的相角控制   (b) 基于相角控制的SVQC平滑退出原理

扫码见彩图

图 3.13　故障消失后的 SVQC 相角跳变治理

在 ST2 完成时 SVQC 输出电压的相角为

$$\theta_{\text{rf}} = \dfrac{\pi}{2} \tag{3.44}$$

进而 ST2 过程中 SVQC 补偿电压的相角可表示为

$$\theta_{\text{trans2}} = \theta_{\text{rf}} + \frac{\theta_{\text{rf}} - \theta_{\text{ri}}}{\Delta t_2} t \tag{3.45}$$

式(3.42)～式(3.45)中，U_{ri}、U_{rf} 和 θ_{ri}、θ_{rf} 分别表示 ST2 初始运行模式和最终运行模式时 SVQC 的输出电压与相角；Δt_2 为完成 ST2 阶段所需时间。

ST2 完成后，负载电压 U_{L}' 与 U_{presag} 重合，SVQC 平滑退出电网。

在不考虑 SVQC 系统运行边界超出的情况下，所提策略可以很好地保护敏感负荷，有效解决全过程的电压跌落及其相角跳变问题，补偿初期、稳态、末期的 θ_{SVQC} 变化趋势如图 3.14 中案例 A 在 $t_0 \sim t_4$ 期间的曲线所示。

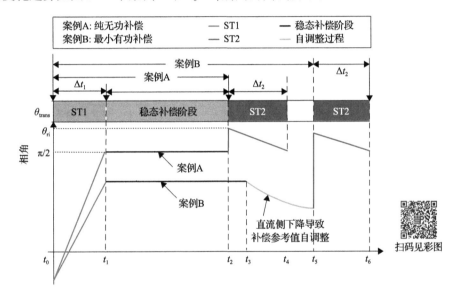

图 3.14　补偿过程中 SVQC 输出电压的相角变化曲线

若一个持续时间较长的深度电压跌落事件发生，如图 3.14 中的案例 B 所示，k_{sag} 无法满足式(2.3)，对于储能型 SVQC 而言，最小有功补偿消耗的能量导致直流侧电压缓慢下降。尽管加大直流侧储能容量可以延长放电时间，但是直流侧电压下降的趋势仍无法避免。为了有效维持负载侧电压幅值的恒定，防止 SVQC 运行中的过调制问题发生，有必要对 SVQC 的参考值进行调整，使得 SVQC 输出电压需满足以下条件：

$$\sqrt{2} U_{\text{SVQC}} \leqslant m_{\max} U_{\text{dcmin}} = \sqrt{2} U_{\text{SVQCmax}} \tag{3.46}$$

式中，$m_{\max}$ 为最大调制；U_{dcmin} 为设定的直流侧电压最小值；U_{SVQCmax} 为 SVQC 可输出的最大幅值，对式(2.7)进行微分运算可得 $\mathrm{d}\cos\theta_{\text{SVQCf}}/\mathrm{d}U_{\text{SVQCf}}$ 的大小为

$$\frac{\mathrm{d}\cos\theta_{\mathrm{SVQCf}}}{\mathrm{d}U_{\mathrm{SVQCf}}} = \frac{U_{\mathrm{L}}'^2 - U_{\mathrm{S}}'^2}{2U_{\mathrm{S}}'\left(U_{\mathrm{dc}}m_{\max}\right)^2} + \frac{m_{\max}\left[1 - U_{\mathrm{S}}'U_{\mathrm{dc}}m_{\max}\right]}{2U_{\mathrm{S}}'^2 U_{\mathrm{dc}}m_{\max}} \tag{3.47}$$

从式(3.47)可以看出，U_{dc} 数值越小导致 $\cos\theta_{\mathrm{SVQCf}}$ 的变化率越大，且其数值大于 0，从而代表 θ_{SVQCf} 呈现下降趋势。因此，为防止补偿期间直流侧电压下降而导致 SVQC 过调制问题发生，可通过减小 θ_{SVQCf} 使得 U_{SVQCf} 的幅值缓慢减小，补偿电压的向量以 O' 为圆心，以弧 BO 为运行轨迹，从 $O'B$ 缓慢变为 $O'B'$，具体如图 3.15(a) 所示，相应的 θ_{SVQCf} 的变化趋势如图 3.14 中的绿色曲线所示。补偿电压的幅值减小使得直流侧可以进一步释放能量，从而延长了 SVQC 的稳定运行时间。调整后 ST2 的初始状态也需进一步调整，具体如图 3.15(b) 所示。关于直流侧容量的设计原则不再进行详细分析，相关内容可参考文献[6]中所述。

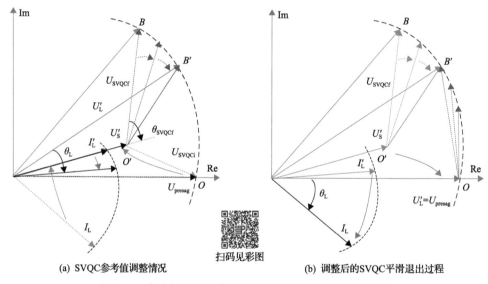

(a) SVQC参考值调整情况　　　　　　　　　　(b) 调整后的SVQC平滑退出过程

扫码见彩图

图 3.15　直流侧电压下降导致 SVQC 输出参考值调整原理

2)SVQC 运行边界越限分析与调整策略

直流侧电压幅值约束使得 SVQC 系统存在固有的运行边界，有两种情况极易导致 SVQC 运行边界超出：①电压跌落较深，基于最小能量补偿策略的 SVQC 输出幅值较大；②跌落事件持续时间长、消耗能量多使得储能型 SVQC 直流侧电压下降，储能型 SVQC 运行边界减小。从图 3.12 和图 3.13 可以看出，ST1 和 ST2 阶段 SVQC 输出幅值的最大值分别为 U_{SVQCf} 和 U_{ri}，其大小主要与 k_{sag}、σ 和 θ_{L} 有关。通过式(2.6)和式(3.47)得到 U_{SVQCf}、U_{ri} 与 θ_{L}、k_{sag}、σ 的关系如图 3.16(a) 所示，其中，θ_{L}、k_{sag} 和 σ 的取值范围分别为 θ_{L}=(0°, 60°)，σ=(0°, 30°)，k_{sag}=(0.05, 0.5)。从图 3.16(a) 可以明显看出 U_{ri} 的幅值通常都大于 U_{SVQCf}，θ_{L} 或者 σ 的取值

越大，U_{ri} 越有可能超出运行边界。综合考虑得到 SVQC 的输出电压需要满足以下条件：

$$\max\left(U_{\text{SVQC}}\right) = \max\left(U_{\text{SVQCf}}, U_{ri}\right) \leqslant U_{\text{SVQCmax}} \tag{3.48}$$

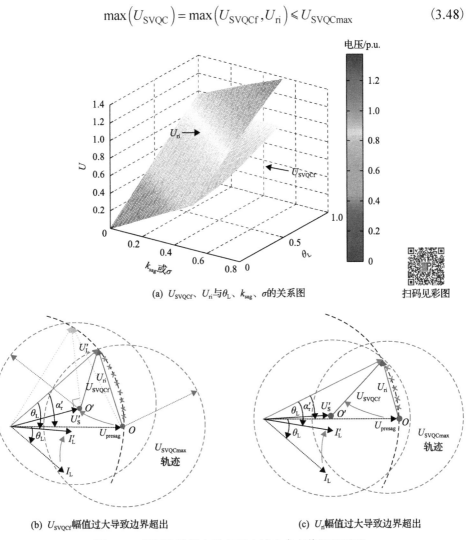

(a) U_{SVQCf}、U_{ri} 与 θ_L、k_{sag}、σ 的关系图　　　　扫码见彩图

(b) U_{SVQCf}幅值过大导致边界超出　　　(c) U_{ri}幅值过大导致边界超出

图 3.16　运行边界超出后 SVQC 输出参考值调整原理

　　下面通过向量图来体现 U_{ri} 或 U_{SVQCf} 超出运行边界后的调整策略，图 3.16(b) 和图 3.16(c) 中以 O 和 O' 为圆心，以 U_{SVQCmax} 为半径的虚线圆表示 SVQC 的稳定运行区间，一旦 U_{ri} 或 U_{SVQCf} 超出虚线圆，则 ST1 阶段的最终状态由 U_{ri} 或 U_{SVQCf} 与 SVQC 运行边界的交点确定，ST2 阶段的初始状态也得到相应调整，α_r' 的取值为

$$\alpha'_r = \begin{cases} \arccos\left[\dfrac{2U_{Lref} - U^2_{SVQC\,max}}{2U_{Lref}}\right], & \max(U_{SVQC}) = U_{ri} \\ \delta + \arccos\left[\dfrac{U'^2_S + U'_L - U^2_{SVQC\,max}}{2U'_S U'_L}\right], & \max(U_{SVQC}) = U_{SVQCf} \end{cases} \tag{3.49}$$

进而，SVQC 在 ST1 阶段最终运行状态时的输出幅值调整为

$$U_{SVQCf} = \begin{cases} \sqrt{U'^2_L + U'^2_S - 2U'_L U'_S \cos(\alpha'_r - \sigma)}, & \max(U_{SVQC}) = U_{ri} \\ U_{SVQCmax}, & \max(U_{SVQC}) = U_{SVQCf} \end{cases} \tag{3.50}$$

式中，U_{Lref} 为负载参考补偿电压。

相应地，将式(3.50)代入式(2.7)得到调整后的 θ_{SVQCf}。为防止直流侧电压下降而导致的过调制问题，SVQC 输出参考值同样需进行调整。首先，U_{dcmin} 被重新定义为

$$U_{dcmin} = \begin{cases} \dfrac{\sqrt{2}U_{SVQCmax}}{m_{max}}, & \max(U_{SVQC}) \geqslant U_{SVQCmax} \\ \sqrt{2}\max(U_{SVQC}), & \max(U_{SVQC}) < U_{SVQCmax} \end{cases} \tag{3.51}$$

一旦 U_{dc} 低于 U_{dcmin}，SVQC 输出电压需要满足以下条件：

$$\sqrt{2}\max(U_{SVQC}) = \sqrt{2}U_{SVQCmax} \leqslant m_{max}U_{dc} \tag{3.52}$$

结合式(3.50)，调整后的 α'_r 为

$$\alpha'_r = \min\left[\alpha'_r(U_{SVQCf}), \alpha'_r(U_{ri})\right] \tag{3.53}$$

最后，将式(3.50)和式(3.53)代入式(2.7)得到调整后的 θ_{SVQCf}，进而计算电压跌落恢复时的 α_r，然后 SVQC 通过 ST2 平滑退出运行。

总的来说，本节所提策略是最小能量补偿策略的进一步完善，可以有效解决电网跌落全过程的电压跌落和相角跳变问题。此外，ST1 和 ST2 阶段的输出边界分析以及参考值的调整策略可以进一步提高 SVQC 系统的稳定性和输出能力。

2. SVQC 平滑启停控制策略

SVQC 根据电压跌落情况以及自身的输出能力选择相应的运行模式，本节提出相应的逻辑判断环节和整体控制策略，对 SVQC 系统 ST1 和 ST2 阶段的运行步骤进行简述。

1) SVQC 系统逻辑判断环节

由于电压跌落事件具有随机性，需要实时采集 U_S 和 U_L 来计算 k_{sag} 的大小。电网正常情况下，SVQC 工作于待机模式，一旦判断有 $k_{sag}>k_{ref}=0.05$，则电压补偿模式启动[8]。完全补偿策略保证负载电压、相位可恢复至跌落前的状态，对于完全补偿而言，通常采用锁存器固定系统电压跌落前的相位作为负载电压的参考相位，具体如文献[10]和文献[11]中所述。接着，控制器计算出跳变角，然后通过 ST1 实现从完全补偿向最小能量补偿的切换。SVQC 的平滑退出过程类似，一旦电压跌落事件消失，SVQC 首先恢复负载电压和相位至跌落恢复前的情况，然后通过 ST2 实现最小能量补偿向待机模式的切换。总体而言，整个电压跌落期间，两次柔性切换很好地解决了相角跳变问题。为了应对系统电压畸变下准确锁相的问题，文献[11]～[14]均提出较好的方案，这里将不再详细阐述。

SVQC 的运行模式和运行状态由 k_{sag}、$\cos\theta_L$ 和 $U_{SVQCmax}$ 决定，计算 ST1 和 ST2 阶段的输出最大值并对初始状态进行相应调整可有效避免 SVQC 的稳定运行边界被超出。此外，对于储能型 SVQC 而言，一旦直流侧电压下降到给定值 U_{dcmin}，需调整 SVQC 补偿电压的相角以减小输出电压的幅值，进一步提高 SVQC 的补偿能力并避免过调制发生。为了保证 SVQC 在不同电压跌落事件下均有较好的补偿效果（不同跌落时间和跌落深度），需制定逻辑判断原则与运行模式相对应。逻辑判断环节具体如下：

$$A = \begin{cases} 0, & \max(U_{SVQC}) \leqslant U_{max} \\ 1, & \max(U_{SVQC}) > U_{max} \end{cases}, \qquad B = \begin{cases} 0, & k_{sag} \leqslant 1-\cos\theta_L \\ 1, & k_{sag} > 1-\cos\theta_L \end{cases}$$

$$C = \begin{cases} 0, & U_{dc} > U_{dcmin} \\ 1, & U_{dc} \leqslant U_{dcmin} \end{cases}, \qquad K = \begin{cases} 0, & k_{sag} \leqslant 1-\cos\theta_L \\ 1, & k_{sag} > 1-\cos\theta_L \end{cases} \tag{3.54}$$

式中，K 用于判断电压跌落事件是否发生；B 决定了电压跌落事件是否能用纯无功补偿来解决；A 用于判断 SVQC 的运行边界是否超出；C 代表直流侧电压是否下降到设定的边界值。

依据不同电压跌落情况，SVQC 运行模式如表 3.2 所示。

表 3.2　SVQC 运行模式

模式	A	B	C	描述
1	0	0	0	纯无功补偿模式
2	0	1	0	最小有功补偿模式
3	1	0/1	0	限幅运行模式
4	0/1	0/1	1	自调整运行模式

模式 1：纯无功补偿模式。若 SVQC 的运行边界没有超出，同时 B 和 C 均为 0，SVQC 可运行于该模式。

模式 2：最小有功补偿模式。只要 SVQC 的运行边界没有超出，同时 B 为 1，C 为 0，SVQC 可运行于该模式。

模式 3：限幅运行模式。一旦 A 取值为 1，SVQC 进入限幅运行模式。

模式 4：自调整运行模式。随着跌落事件的持续，补偿期间的能量消耗导致直流侧电压下降，一旦 C 取值为 1，SVQC 补偿电压参考值需要进行自调整。

2）SVQC 整体控制策略

以 A 相为例的 SVQC 整体控制如图 3.17 所示，为了实现电压补偿和退出过程的有效进行，首先应该获得 SVQC 补偿电压的参考值，这里分为两个部分：①补偿电压的相角计算。相角计算模块得出切换角 $\theta_{\text{trans}1}$ 和 $\theta_{\text{trans}2}$，通过对系统电压锁相得到的相位 θ_0 作为其他向量的相角参考。SVQC 补偿电压的相角通过 θ_0 与 θ_{trans} 合成得到。②补偿电压的幅值计算。通过对 U_{Sa} 延时 90° 得到系统电压的虚拟量 U_{Salm}，方法如文献[14]中所述，然后基于两相静止-两相旋转变换得到 dq 坐标系下的分量

$$\begin{pmatrix} U_d \\ U_q \end{pmatrix} = \begin{pmatrix} \cos\theta_{\text{SVQC}} & \sin\theta_{\text{SVQC}} \\ -\sin\theta_{\text{SVQC}} & \cos\theta_{\text{SVQC}} \end{pmatrix} \begin{pmatrix} U_{\text{Sa}} \\ U_{\text{Salm}} \end{pmatrix} \tag{3.55}$$

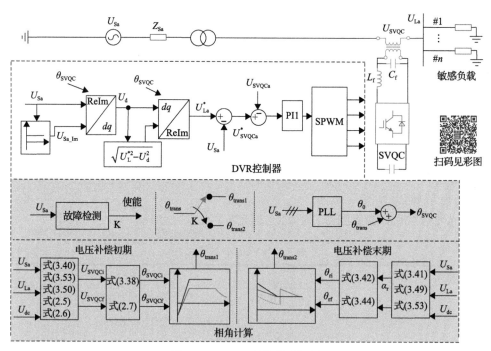

图 3.17　SVQC 整体控制框图

进而得到 U_{La}^{*} 在 dq 坐标系下的分量分别为

$$U_{La\_d}^{*}=U_{Sa\_d}=U_{d} \tag{3.56}$$

$$U_{La\_q}^{*}=\sqrt{\left(U_{La}^{*}\right)^{2}-\left(U_{Sa\_d}\right)^{2}}=\sqrt{\left(U_{La}^{*}\right)^{2}-\left(U_{q}\right)^{2}} \tag{3.57}$$

最后,将式(3.56)和式(3.57)的结果通过 Park 反变换得到参考电压 U_{La}^{*} ,利用 PI 控制器对参考值 U_{SVQCa}^{*} 进行实时跟踪,并通过 SPWM 调制得到 IGBT 的驱动信号。本节主要关注于平滑启停中的切换过程以及参考值自调整方法,考虑到现有方法已经可以在 1ms 内实现故障检测与判断[10, 13, 15-22],有些方法甚至在电网谐波环境下依然具有较好的动态特性,本节不再对故障判断方法进行详细阐述。

3.3 仿真及实验分析

3.3.1 仿真分析

1. SVQC 并联部分带载仿真

为了验证理论分析的正确性,搭建 PSCAD 仿真模型,仿真参数如 3.1 节中的表 3.1 所示。

不同负载下并联部分仿真结果如图 3.18 所示,其中,0~0.3s 期间 $R=10\Omega$,0.3~0.6s 期间 $R=2\Omega$,0.6~0.9s 期间 $R=1\Omega$。

U_{S} 与电网电流 I_{p} 通过快速傅里叶变换(fast Fourier transform,FFT)后的基波相位如图 3.18(b)所示,I_{pPH1} 和 U_{SmPH1} 分别表示电流和电压基波相位,FFT 后 U_{dc} 的直流分量波形如图 3.18(c)所示,U_{dc} 和直流负载电流波形如图 3.18(d)所示。由

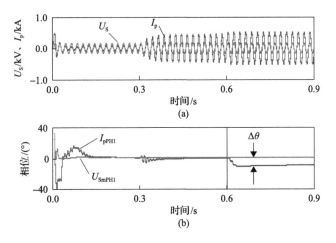

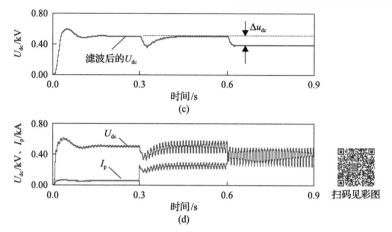

(c)

(d)

图 3.18　SVQC 并联部分带不同负载时波形

$\Delta\theta$ 为相角差

图 3.18(b)可知，并联部分在 $R=10\Omega$、$R=2\Omega$ 时均可以单位功率因数运行，而当 $R=1\Omega$ 时，U_{S} 与 I_{p} 产生相角差。由图 3.18(c)可知，在 $R=10\Omega$、$R=2\Omega$ 时直流侧电压可保持稳定，但当 $R=1\Omega$ 时其值已无法稳定并产生很大纹波。

对不同负载下的 I_{p} 进行傅里叶分析，具体如图 3.19 所示。分析可知 I_{p} 中 3 次谐波含量与带载情况成正比，与理论分析保持一致。因此，在单位功率因数运行、直流侧电压稳定的约束下，并联整流器存在最大带载能力，一旦超出运行范围，直流侧电压无法维持稳定，系统将失稳。

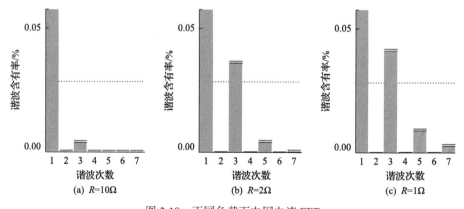

图 3.19　不同负载下电网电流 FFT

2. 负荷波动下 SVQC 输出能力仿真

保持 k_{sag} 为 0.4p.u.不变，对比 Z_{L} 变化时的电压补偿需求值与 U_{SVQCmmax} 理论值，具体如图 3.20 所示。可以看出补偿需求值在负荷变化到 0.8p.u.时未超过 U_{SVQCmmax}，

但是当负荷阻抗为 0.7p.u.时，$U_{SVQCmmax}$ 为 0.39p.u.，即小于 0.4p.u.，已无法实现补偿。

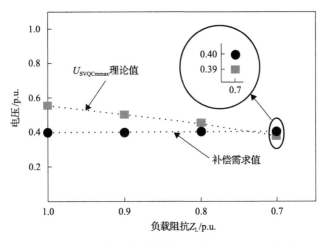

图 3.20　考虑负荷波动时补偿需求值与 $U_{SVQCmmax}$ 的对比

依据图 2.1 搭建 MATLAB/Simulink 仿真模型，仿真参数如表 3.1 所示。设置负载额定功率为 48kW，在 0.3～0.5s k_{sag} 为 0.4p.u.，负荷为 0.8p.u.。由图 3.21 可知，直流侧电压在微小波动后能够快速恢复至额定值 450V，补偿过程基本可以实

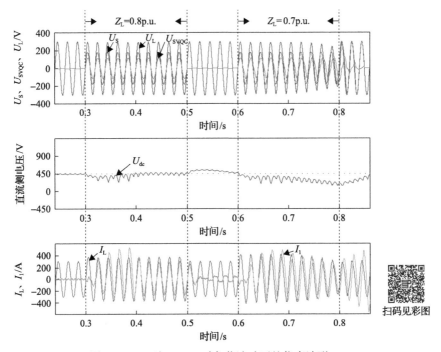

图 3.21　k_{sag} 为 0.4p.u.时负荷波动下的仿真波形
I_1 为 SVQC 输出电流

现。但在 0.6～0.8s 负荷变化到 0.7p.u.，并联部分无法实现单位功率因数运行，直流侧电压已失稳且无法恢复，进而无法达到补偿效果。

在此基础上，设置电压跌落深度 k_{sag} 为 0.5p.u.，得到的仿真波形如图 3.22 所示。由前述可知，在 k_{sag} 为 0.5p.u.时系统已不稳定，而负荷变重使得系统的不稳定现象进一步加剧。

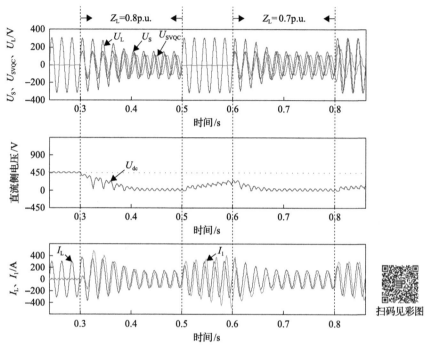

图 3.22　k_{sag} 为 0.5p.u.时负荷波动下的仿真波形

3. 平滑启停控制仿真

依据表 3.3 和图 2.1 搭建 MATLAB/Simulink 仿真模型来验证本节提出的基于相角控制的 SVQC 优化运行方法的有效性。

第一种工况下，电压跌落事件从 0.3s 开始持续时间为 10 个工频周期，跌落深度为 0.2p.u.。可知 $1.414U_{SVQCf}$ 和 $1.414U_{ri}$ 分别为 186V 和 246V，没有超出 SVQC 的运行边界。因此，在 0.30～0.33s，SVQC 通过 ST1 平滑进入补偿模式 1，具体如图 3.23(a)所示。SVQC 输出的有功和无功曲线如图 3.23(b)所示，可以看出 SVQC 很快进入纯无功补偿模式并保持这一状态不变，图 3.23(c)显示直流侧电压基本上无跌落。当电压跌落恢复后，得到 α_r 为 46.86°，进而 SVQC 通过 ST2 平滑

表 3.3　SVQC 系统相角跳变治理仿真参数

参数名称	参数值
系统电压有效值 U_S	220V
线路电阻 R_S	0.05Ω
直流侧电压 U_{dc}	360V
直流侧电容 C_1	3000μF
滤波电感 L_f	3mH
滤波电容 C_f	40μF
变压器变比 T	1∶1
负载容量	1.56kV·A
负载功率因数	0.8

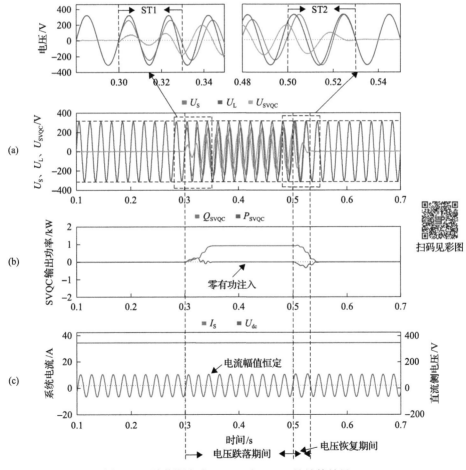

扫码见彩图

图 3.23　跌落深度为 0.2p.u.时 SVQC 的补偿效果

退出运行。从图 3.23(a) 和图 3.23(c) 可以看出 U_L 和 I_L 的幅值保持不变，在 SVQC 启动与退出的暂态过程无相角跳变发生。

第二种工况下，电压跌落事件从 0.3s 开始并持续 20 个工频周期，跌落深度为 0.4p.u.。可知 $1.414U_{SVQCf}$ 和 $1.414U_{ri}$ 分别为 186V 和 246V，没有超出 SVQC 的运行边界。因此，在 0.30～0.33s，SVQC 通过 ST1 平滑进入补偿模式 2，具体如图 3.24(a) 所示。SVQC 输出的有功和无功曲线如图 3.24(b) 所示，可以看出 SVQC 很快进入最小有功补偿模式并保持这一状态不变。图 3.24(c) 显示直流侧电压缓慢下降，当直流侧电压在 0.6s 下降到 $U_{dcmin}=250$V 时，SVQC 补偿电压自调整过程启动。为了防止过调制现象产生，SVQC 补偿电压的幅值缓慢下降，SVQC 输出有功不断增加，具体如图 3.24(a) 和图 3.24(b) 所示。电压跌落恢复后，得到 α_r

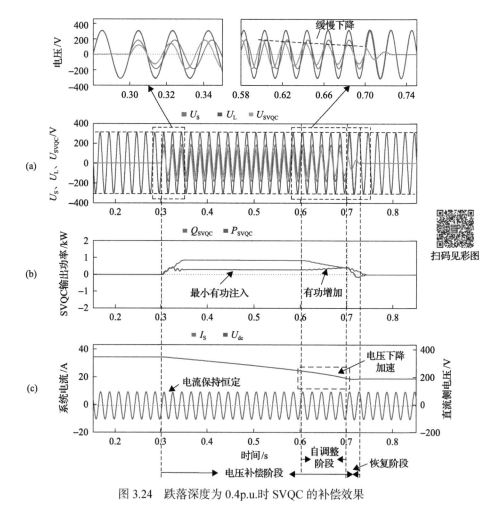

扫码见彩图

图 3.24　跌落深度为 0.4p.u.时 SVQC 的补偿效果

为 34.72°，进而 SVQC 通过 ST2 平滑退出运行。从图 3.24(a)和图 3.24(c)可以看出 U_L 和 I_L 的幅值依然保持不变，在 SVQC 启动与退出的暂态过程无相角跳变发生，补偿阶段也无过调制问题产生。

3.3.2　实验分析

1. SVQC 补偿功能验证

为了验证 SVQC 系统的有效性，本节搭建了单相实验平台，实验波形如图 3.25 所示。

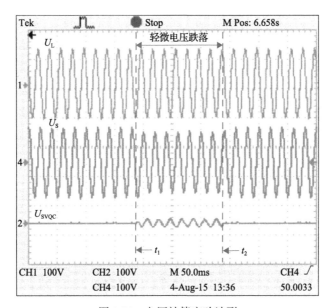

图 3.25　电压补偿实验波形

如图 3.25 所示，电网电压在 $t_1 \sim t_2$ 期间发生幅度为 0.15p.u.的跌落，SVQC 系统进入电压补偿模式。实验结果证明 SVQC 系统注入补偿电压后负荷侧电压能够维持稳定，不受影响。

2. SVQC 补偿能力验证

基于 SVQC 输出能力验证的仿真模型，搭建了基于 RT-LAB 硬件在环实验平台对输出能力的理论分析进行验证，实验参数与仿真参数相同。

保持负荷不变，得到 k_{sag} 变化时的 $U_{SVQCmmax}$ 理论值与电压补偿需求值的对比结果如图 3.26 所示。可以看出电压补偿需求值在 k_{sag} 为 0.4p.u.时未超过 $U_{SVQCmmax}$。然而，当跌落深度 k_{sag} 为 0.5p.u.时，$U_{SVQCmmax}$ 理论极限值为 0.48p.u.，即小于 0.5p.u.，已不能满足补偿需求。

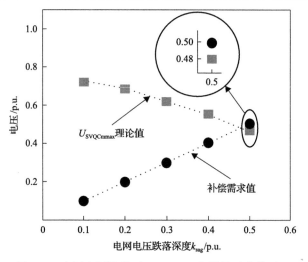

图 3.26　电网电压跌落下 U_{SVQCmmax} 与补偿需求值对比

保持负荷不变，设置 k_{sag} 为 0.4p.u.时 SVQC 补偿期间实验波形如图 3.27 所示。可以看出直流侧电压能够维持稳定，负载电压不受电压跌落影响。

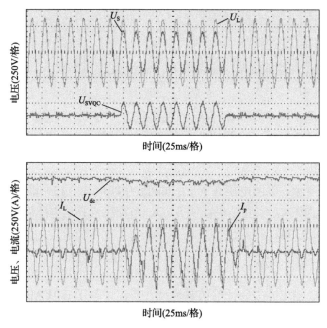

图 3.27　k_{sag} 为 0.4p.u.时的实验波形

将 k_{sag} 改为 0.5p.u.时 SVQC 补偿期间的实验波形如图 3.28 所示。可以看到，直流侧电压完全失稳，SVQC 无法正常输出，负载电压的幅值难以得到恒定。

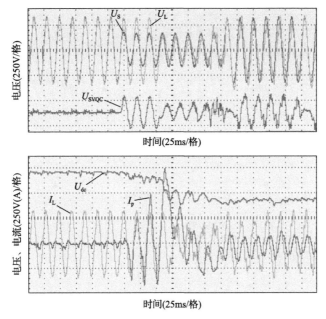

图 3.28 k_{sag} 为 0.5p.u.时的实验波形

3. 平滑启停控制实验验证

搭建 RT-LAB 硬件在环实验平台，对理论与仿真分析结果做进一步验证。

1) 最小有功补偿模式启动后因直流侧电压下降而进行参数自调整

第一种工况下，电压跌落事件从 t_1 开始并持续 20 个工频周期，跌落深度为 0.3p.u.，伴随 10°的相角跳变，U_{dc} 和 $U_{SVQCmax}$ 分别为 360V 和 250V。可知 1.414U_{SVQCf} 和 1.414U_{ri} 分别为 186V 和 246V，没有超出 SVQC 的运行边界。从图 3.29(b)中可以看出，在 t_1 到 t_2 期间，SVQC 通过 ST1 平滑进入补偿模式 2。设定在 t_3 时刻负载变重，负载电流变为两倍，有功消耗的增加使得 SVQC 直流侧电压跌落速度加快，具体如图 3.29(b)所示。当直流侧电压在 t_4 时刻下降到 U_{dcmin}=250V 时，SVQC

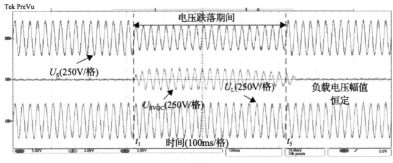

(a)

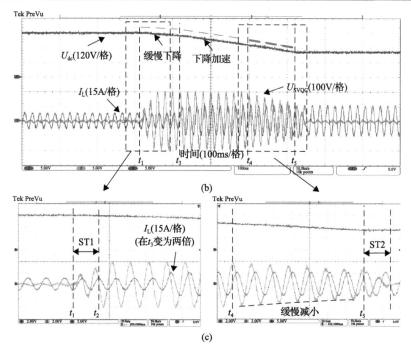

图 3.29　跌落深度为 0.3p.u.、跳变角为 10° 时 SVQC 的补偿效果实验波形

补偿电压自调整过程启动。为了防止过调制现象产生，SVQC 补偿电压的幅值缓慢下降。在 t_5 时刻 SVQC 通过 ST2 平滑退出运行。从图 3.29(a) 和图 3.29(c) 可以看出 U_L 和 I_L 的幅值保持不变，在 SVQC 启动与退出的暂态过程无相角跳变发生。

2) 限幅运行模式

第二种工况下，电压跌落事件从 t_1 开始并持续 10 个工频周期，跌落深度为 0.4p.u.。可知 $1.414U_{SVQCf}$ 和 $1.414U_{ri}$ 分别为 186V 和 295V，已经超出 SVQC 的运行边界。因此，需调整 ST1 的最终运行状态，控制 $1.414U_{ri}=250V$，α_r' 为 47.56°。从图 3.30(b) 中可以看出，在 t_1 到 t_2 期间，SVQC 通过 ST1 平滑进入补偿模式 3，

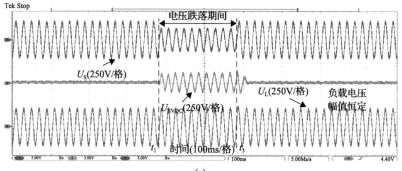

(a)

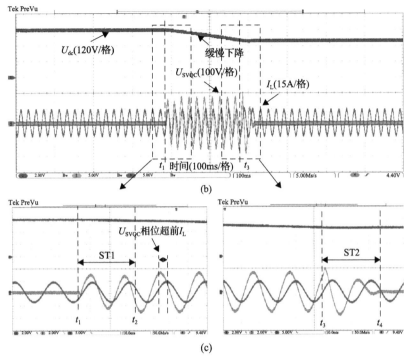

图 3.30　跌落深度为 0.4p.u.、跳变角为 20°时 SVQC 的补偿效果实验波形

补偿期间 U_{SVQC} 的相角超前 I_L。图 3.30(b)显示直流侧电压缓慢下降，直到电压跌落消失时仍大于 $U_{dcmin}=250V$，所以 SVQC 补偿电压自调整过程未启动。电压跌落恢复后 SVQC 通过 ST2 平滑退出运行。

3.4　本章小结

本章首先对背靠背型 SVQC 并联侧变流器的带载失稳现象以及最大带载能力进行了分析；然后充分考虑并联变流器带载能力，建立串联变流器的等效模型，得到了串联变流器调制比与变流器电路参数、直流侧电压、负荷大小、电网电压幅值的关系，刻画直流侧电压稳定下 SVQC 最大输出能力边界；最后分析了 SVQC 补偿过程中相角跳变产生的原因及影响因素，提出了基于 SVQC 输出电压相角平滑过渡的柔性调控策略。

参 考 文 献

[1] 张纯江, 郭忠南, 王芹, 等. 基于新型相位幅值控制的三相 PWM 整流器双向工作状态分析[J]. 中国电机工程学报, 2006, 26(11): 167-171.

[2] 许胜, 赵剑锋, 倪喜军, 等. SPWM-2H 桥逆变器直流侧等效模型[J]. 电工技术学报, 2009, 24 (8): 90-94.

[3] 涂春鸣, 孙勇, 李珺, 等. 双 PWM 型动态电压恢复器的最大输出能力分析[J]. 电工技术学报, 2018, 33 (21): 5015-5025.

[4] 涂春鸣, 吴连贵, 姜飞, 等. 单相 PWM 整流器最大带载能力分析[J]. 电网技术, 2017, 41 (1): 230-237.

[5] 徐永海, 韦鹏飞, 李晨懿, 等. 电压暂降相位跳变及其对敏感设备的影响研究[J]. 电测与仪表, 2017, (21): 111-117.

[6] 徐永海, 洪旺松, 兰巧倩. 电压暂降起始点与相位跳变对交流接触器影响的分析[J]. 电力系统自动化, 2016, (4): 92-97.

[7] Chen G D, Zhang L, Wang R T, et al. A novel SPLL and voltage sag detection basedon LES filters and improved instantaneous symmetrical components method[J]. IEEE Transactions on Power Delivery, 2015, 30 (3): 1177-1189.

[8] Farhadi-Kangarlu M, Babaei E. A comprehensive review of dynamic voltage restorers[J]. Electrical Power and Energy Systems, 2017, 92: 136-155.

[9] Hafezi H, Faranda R. Dynamic voltage conditioner: A new concept for smart low-voltage distribution system[J]. IEEE Transactions on Power Electronics, 2018, 33 (3): 7582-7590.

[10] Naidu T A, Arya S R, Maurya R. Dynamic voltage restorer with quasi newton filter based control algorithm and optimized values of PI regulator gains[J]. IEEE Journal of Emerging and Selected Topics in Power Electronics, 2019, 7 (4): 2476-2485.

[11] Rauf A M, Khadkikar V. An enhanced voltage sag compensation scheme for dynamic voltage restorer[J]. IEEE Transactions on Power Electronics, 62 (5): 2683-2691.

[12] Xiao F R, Dong L, Li L, et al. Fast voltage detection method for grid-tied renewable energy generation systems under distorted grid voltage conditions[J]. IET Power Electronics, 2017, 10 (12): 1487-1493.

[13] Roldán-Pérez J, García-Cerrada A, Ochoa-Giménez M, et al. Delayed-signal-cancellation-based sag detector for a dynamic voltage restorer in distorted grids[J]. IEEE Transactions on Sustainable Energy, 2019, 10 (4): 2015-2027.

[14] Karthikeyan A, Krishna D G A, Kumar S, et al. Dual role CDSC based dual vector control for effective operation of SVQC with harmonic mitigation[J]. IEEE Transactions on Industrial Electronics, 2019, 66 (1): 4-13.

[15] Roshan A, Burgos R, Baisden A C, et al. A D-Q frame controller for a full-bridge single phase inverter used in small distributed power generation systems[C]//Annual IEEE Conference on Applied Power Electronics Conference and Exposition (APEC), 2007.

[16] Gee A M, Robinson F, Yuan W J. A superconducting magnetic energ storage-emulator/battery supported dynamic voltage restorer[J]. IEEE Transactions on Energy Conversion, 2017, 32 (1): 55-64.

[17] Bae B, Jeong J, Lee J, et al. Novel sag detection method for line interactive dynamic voltage restorer[J]. IEEE Transactions on Power Delivery, 2010, 25 (2): 1210-1211.

[18] Kumsuwan Y, Sillapawicharn Y. A fast synchronously rotating reference frame-based voltage sag detection under practical grid voltages for voltage sag compensation systems[C]//6th IET International Conference on PEMD, Bristol, 2012.

[19] Sadigh K, Smedley K M. Fast voltage sag detection method for single-/three-phase application[C]//2013 Twenty-Eight Annual IEEE Applied Power Electronics Conference and Exposition (AEPC), 2013.

[20] Ajaei F B, Afsharnia S, Kahrobaeian Λ, et al. Λ fast and effective control scheme for the dynamic voltage restorer[J]. IEEE Transactions on Power Delivery, 2011, 26 (4): 2398-2406.

[21] Samet Biricik, Hasan Komurcugil, Nguyen Duc Tuyen, et al. Protection of sensitive loads using sliding mode controlled three-phase SVQC with adaptive notch filter[J]. IEEE Transactions on Industrial Electronics, 2019, 7(66): 5465-5475.

[22] 冯小明, 杨仁刚. 动态电压恢复器电压补偿策略的研究[J]. 电力系统自动化, 2004, 28(6): 68-72.

第4章 中高压场合下串联型电压质量控制器优化运行技术

中高压应用场景下，串联型电压质量控制器的电压等级和功率水平均较高，基于级联 H 桥的多电平串联型电压质量控制器(CHB-SVQC)可以满足实际需要。然而，CHB-SVQC 采用的调制方式会直接影响到装置功率变换的实现、输出电压的谐波畸变率，以及整个系统的运行效率。针对 CHB-SVQC，本章分析了其不同调制策略下的损耗特性，介绍了一种混合低频和高频的混合脉宽调制(hybrid pulse width modulation，HPWM)技术及逆变器直流侧电压平衡控制方法；并针对基于 HPWM 调制的 CHB-SVQC 直流侧电压不均衡问题，提出了一种基于载波轮换的逆变器直流侧电压均衡控制方法；然后分析了 HPWM 调制的基本原理及在不同调制比下逆变器输出电压特性；最后提出了基于最小能量补偿的自动调节负荷参考电压相位角的控制策略。

4.1 基于混合调制策略的中高压串联型电压质量控制器工作特性分析

CHB-SVQC 采用 SPWM 调制策略时，开关损耗较大。CHB-SVQC 采用高频调制方式时，功率器件的开关频率较高，输出电压谐波特性好，但是较高的开关频率会导致较高的开关损耗，在大容量场合不适用[1, 2]。CHB-SVQC 采用低频调制方式时，器件的开关频率为工频，开关损耗小，适用于电平数比较高的场合，但是当级联数较少时，逆变器输出电压谐波特性较差，此时不适用于对谐波特性要求较高的场合。HPWM 技术可以很好地解决上述问题[3]。基于此，本节介绍 CHB-SVQC 工作原理与 HPWM 调制过程，并针对 CHB-SVQC 采用 HPWM 调制时，因元器件开关角度不同而产生的逆变器直流侧电压不均衡问题，引入一种直流侧电压均衡控制方法。

4.1.1 CHB-SVQC 的工作原理

单相 SVQC 的系统结构框图如图 4.1 所示，主要由直流侧储能装置、逆变单元、LC 低通滤波器、串联变压器和旁路开关组成。直流侧储能装置为逆变单元提供直流侧电压；逆变单元通过输出 LC 低通滤波器和串联变压器串入系统，为系统注入补偿电压；旁路开关在电网电压非故障时旁路 SVQC 系统。

在中高压系统中，为了提高 SVQC 补偿装置的容量，目前多采用级联 H 桥型多电平变换器结构，级联 H 桥型逆变器结构控制灵活，容易实现多电平输出，且直流电源相对独立。CHB-SVQC 的拓扑结构由级联 H 桥型逆变器构成，具体如图 4.2 所示。各 H 桥单元分别记作 H_1，H_2，$\cdots$，H_n，Z_s 为线路阻抗，u_d 为各逆变器的直流侧电源电压，U_{SVQC} 为逆变器输出补偿电压，L_f 和 C_f 组成 LC 滤波电路，用于抑制逆变器产生的高频谐波。

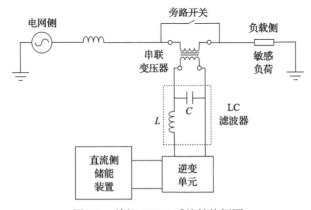

图 4.1　单相 SVQC 系统结构框图

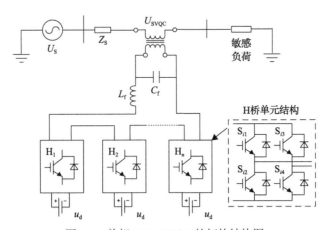

图 4.2　单相 CHB-SVQC 的拓扑结构图

当电压跌落故障发生时，SVQC 通过控制串联逆变器产生一个幅值和相位可调的电压，以保持负载平衡稳定。图 4.3 为 SVQC 工作于电压补偿状态时，系统的等效电路图。图中，U_s 为电网电压，U_{SVQC} 为经过滤波之后的逆变器输出补偿电压，k 为变压器变比，U_L 为负载电压，Z_s 为电源内阻，Z_L 为负载阻抗，L_f、C_f 为 LC 低通滤波器输出滤波电感和电容。

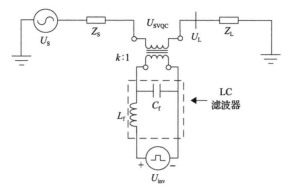

图 4.3　电压补偿状态下 SVQC 等效电路图

根据电压补偿原理，忽略线路阻抗，由图 4.3 可以得到：

$$U_{SVQC} = U_L - U_s \tag{4.1}$$

当 CHB-SVQC 检测模块检测到电网电压跌落故障发生时，通过控制模块将负载电压参考值与故障后的电网电压值相减，得到装置需要补偿的电压向量，通过相应的 SVQC 补偿控制策略使得逆变器输出幅值、相位满足需求的补偿电压，补偿电压滤波后经过串联变压器耦合至电网，从而维持负载电压的平衡稳定。

4.1.2　CHB-SVQC 的 HPWM 调制策略

1. 级联型多电平 SVQC 的损耗分析

由于 CHB-SVQC 逆变单元中采用相同参数的级联 H 桥模块，对单个 H 桥模块的损耗进行分析可以推导出级联型多电平 SVQC 装置的主要损耗。单个 H 桥模块由直流侧电容、功率开关管 IGBT 以及反并联二极管组成，其损耗主要包括电容自放电损耗 P_{dc}、IGBT 损耗 P_T 及反并联二极管损耗 P_D，IGBT 的损耗主要包括通态损耗 P_{Tcon}、开通损耗 P_{on} 和关断损耗 P_{off}，其中，开通损耗 P_{on} 和关断损耗 P_{off} 统称为开关损耗 P_{Tsw}。反并联二极管的损耗主要包括通态损耗 P_{Dcon} 和开关损耗 P_{Dsw}。

IGBT 与反并联二极管在一个工频周期 t_s 内轮流导通，死区时间为 t_d。逆变器工作于线性调制模式，调制比 M 的值在 0～1，交流电压与电流基波分量的相位差为 φ，则 IGBT 和反并联二极管的通态损耗分别为

$$P_{\text{Tcon}} = \left(\frac{1}{2} - \frac{t_{\text{d}}}{T_{\text{s}}}\right) \cdot \left(V_{\text{CE0}} \cdot \frac{I_{\text{CM}}}{\pi} + R_{\text{T}} \cdot \frac{I_{\text{CM}}^2}{4}\right) + M \cdot \cos\varphi \cdot \left(V_{\text{CE0}} \cdot \frac{I_{\text{CM}}}{8} + R_{\text{T}} \cdot \frac{I_{\text{CM}}^2}{3\pi}\right) \quad (4.2)$$

$$P_{\text{Dcon}} = \left(\frac{1}{2} + \frac{t_{\text{d}}}{T_{\text{s}}}\right) \cdot \left(V_{\text{D0}} \cdot \frac{I_{\text{CM}}}{\pi} + R_{\text{D}} \cdot \frac{I_{\text{CM}}^2}{4}\right) - M \cdot \cos\varphi \cdot \left(V_{\text{D0}} \cdot \frac{I_{\text{CM}}}{8} + R_{\text{D}} \cdot \frac{I_{\text{CM}}^2}{3\pi}\right) \quad (4.3)$$

式中，R_{T}、R_{D}、V_{CE0}、V_{D0} 分别为 IGBT 和二极管的通态电阻和阈值电压，它们均与结温有关；I_{CM} 为交流电流有效值。

器件的开关损耗 P_{Tsw} 与结温、IGBT 电压电流有关：

$$P_{\text{Tsw}} = \sum_{k=0}^{f_{\text{s}}} f_{\text{sw}}(I_{\text{C}(k)}) \quad (4.4)$$

式中，f_{s} 为开关频率；f_{sw} 为谐波电流频率；$I_{\text{C}(k)}$ 为各频次谐波电流有效值。

由式(4.2)～式(4.4)可以看出，开关管的通态损耗基本不随开关频率的变化而变化，而器件的开关损耗随着开关频率的下降而降低[4]。

H 桥模块的直流侧电容存在自放电现象，并且直流侧电容的有功损耗和与之并联的等效电阻 R_{dc} 有如下关系：

$$P_{\text{dc}} = \frac{u_{\text{dc}}^2}{R_{\text{dc}}} \quad (4.5)$$

式中，u_{dc} 为直流侧电容电压，假设电网中逆变器的等效连接电抗为 X，交流电流有效值为 I_{CM}，则有

$$u_{\text{dc}} = \frac{\sqrt{2}(U_{\text{s}} + I_{\text{CM}}X)}{M} \quad (4.6)$$

综上分析，可以得到单个 H 桥逆变单元的总损耗为

$$P_{\text{loss}} = P_{\text{Tcon}} + P_{\text{Dcon}} + P_{\text{Tsw}} + P_{\text{Dsw}} + P_{\text{dc}} \quad (4.7)$$

由式(4.7)可以看出，对于各参数具有一致性的 H 桥型逆变器，在 M 不变的情况下，H 桥逆变器的损耗主要与逆变器开关管的开关频率 f_{sw} 有关。假设当采取不同调制技术时，单个 H 桥逆变器总损耗的差异为 ΔP，则有

$$\Delta P_{\text{sw}} = \sum_{k=0}^{f_{\text{s}}} \Delta f_{\text{sw}}(I_{\text{C}(k)}) \quad (4.8)$$

由于 SPWM 调制的开关频率一般比 HPWM 调制的开关频率高很多，所以

SPWM 调制策略下级联 H 桥型多电平 SVQC 的损耗较 HPWM 调制策略下要高很多。所以在级联数目比较多，或者对谐波要求不是很高的场合，考虑到低损耗，HPWM 调制策略会是更好的选择。

以 5 级联 H 桥型 SVQC 为例，仿真参数见表 4.1，在相同谐波水平下，SVQC 分别采用 SPWM 调制及 HPWM 调制技术，得出 SVQC 补偿模式下逆变电路的损耗如图 4.4 所示。由损耗图可以看出，SVQC 采用 HPWM 调制策略时，逆变电路损耗比采用 SPWM 调制技术时低。

表 4.1   5 级联 H 桥型 SVQC 参数

参数名称	参数值
系统额定电压	10kV
LC 滤波器电感 L	5mH
LC 滤波器电容 C	5μF
直流侧电源电压 U_{dcref}	1kV
级联数	5
负载电阻	100Ω
PWM 载波频率	2000Hz

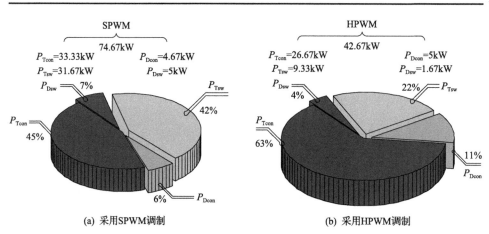

图 4.4   CHB-SVQC 逆变电路损耗图

2. HPWM 调制技术的基本原理

对于级联 H 桥型多电平变换器来说，多采用载波移相正弦脉宽调制（CPS-SPWM）

技术。经过 PWM 调制后逆变器功率器件的等效开关频率较高，因此输出电压谐波含量减少，但是由此导致较高的开关损耗。

　　HPWM 调制技术混合低频和高频调制方法，目的是在不影响输出电压谐波畸变率(THD)的情况下，降低总开关频率。其调制原理投入最少的模块采用阶梯波调制逼近合成正弦调制波参考信号，剩余的一个模块采用 PWM 调制，以使输出电平更大程度地拟合正弦参考信号。以 N 级联 H 桥型变流器为例，HPWM 调制策略中，总参考调制波为 u_{ref}，首先令前 N–1 个模块工作于阶梯波模式，产生阶梯波电压 u_{step}，再令第 N 个模块工作于高频 PWM 模式，其中，高频 PWM 模块的调制波信号 u_{t} 为

$$u_{\text{t}} = u_{\text{ref}} - u_{\text{step}} \tag{4.9}$$

　　u_{t} 与三角载波进行比较，产生 PWM 波 u_{PWM}，u_{PWM} 与 u_{step} 进行叠加后得到交流侧输出多电平电压 u_{an}。图 4.5 为以 3 级联 H 桥为例，采用 HPWM 调制的调制原理图。

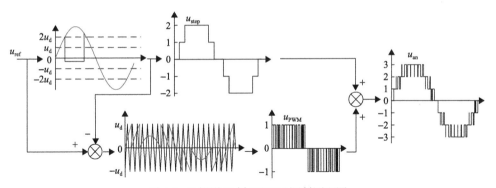

图 4.5　3 级联 H 桥 HPWM 调制原理图

　　HPWM 的实现过程可以表述为：根据直流侧电压 u_{d}，将参考电压指令 u_{an} 划分为 N 个区域，并计算当前所处区域 k，即

$$(k-1)u_{\text{d}} < \left|u_{\text{an}}\right| < ku_{\text{d}}, \qquad k = 1,2,\cdots,N \tag{4.10}$$

　　各模块开关函数依据当前所处区域以及参考电压的极性来分配。具体为：当 u_{an} 为正时，使得前 k–1 个 H 桥工作在+1 模态，输出电压+u_{d}，第 k 个 H 桥工作在高频模态，其余工作在 0 模态；当 u_{an} 为负时，令前 k–1 个 H 桥工作在–1 模态，输出电压–u_{d}，第 k 个 H 桥工作于 PWM 模态，其余工作在 0 模态。具体流程如图 4.6 所示，图中 s_i 为第 i 个 H 桥模块的开关函数。

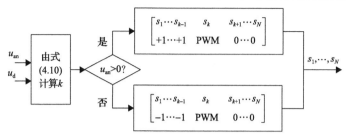

图 4.6 HPWM 调制实现流程图

4.1.3 HPWM 调制下逆变器直流侧电压均衡控制方法

CHB-SVQC 逆变单元中各 H 桥直流侧之间相互独立。而各 H 桥逆变器的损耗及开关管的触发脉冲存在着差异，这些 H 桥模块的差异将导致逆变器直流侧电压的不均衡[5, 6]。当直流侧电压不均衡或者达到严重不均衡时，将影响到逆变器输出电压的 THD，甚至可能会造成直流侧电容的内部击穿。所以，必须快速地采取有效措施抑制直流侧电压的波动问题，以保证装置的安全稳定运行。

当采用 HPWM 调制策略时，直流侧电压不均衡问题主要是由各 H 桥模块导通角度之间的差异造成的，因此需要尽可能消除各 H 桥型逆变器模块之间导通角度的差异来解决直流侧电压的不均衡问题。

当采用 HPWM 调制策略时，对 H 桥型逆变器直流侧电容电压进行分析可得

$$C \frac{\mathrm{d}u_{\mathrm{d}ci}}{\mathrm{d}t} = i_{\mathrm{d}ci} = i_{\mathrm{o}} \cdot s_i, \qquad i = 1, 2, \cdots, N \tag{4.11}$$

式中，C 为直流侧储能电容值；$u_{\mathrm{d}ci}$ 为第 i 个 H 桥的直流侧电压；$i_{\mathrm{d}ci}$ 为流过第 i 个 H 桥直流侧电容的电流；i_{o} 为级联 H 桥型逆变器的输出电流；s_i 为第 i 个 H 桥的开关函数。

假设：

$$i_{\mathrm{o}} = \sqrt{2} I \sin(\omega t + \theta) \tag{4.12}$$

式中，I 为级联 H 桥型逆变器输出电流的有效值；θ 为输出电流与电网电压的相位差。则有

$$\frac{\mathrm{d}u_{\mathrm{d}ci}}{\mathrm{d}t} = \frac{\sqrt{2} I}{C} \sin(\omega t + \theta) \cdot s_i \tag{4.13}$$

分析可知，s_i 满足以下等式：

$$
s_i = \begin{cases} 0, & 0 \leqslant \alpha \leqslant \alpha_i \\ 1, & \alpha_i < \alpha \leqslant \pi - \alpha_i \\ 0, & \pi - \alpha_i < \alpha \leqslant \pi + \alpha_i \\ -1, & \pi + \alpha_i < \alpha \leqslant 2\pi - \alpha_i \\ 0, & 2\pi - \alpha_i < \alpha \leqslant 2\pi \end{cases} \tag{4.14}
$$

式中，α 为逆变器的触发脉冲宽度；α_i 为逆变器的触发脉冲角。

将式(4.14)代入式(4.13)，并对式(4.13)等式右边在 $0\sim\pi$ 内积分，可得第 i 个 H 桥模块在正半周期内的直流侧电压值为

$$
u_{+dci} = \frac{\sqrt{2}I}{\omega C} \int_{\alpha_i}^{\pi} \sin(\omega t + \theta) \mathrm{d}\omega t \tag{4.15}
$$

即

$$
u_{+dci} = \frac{\sqrt{2}I}{\omega C} \cos \alpha_i \cos \theta \tag{4.16}
$$

同样，对式(4.13)等式右边在 $\pi\sim 2\pi$ 内积分，可得第 i 个 H 桥模块在负半周期内的直流侧电压值为

$$
u_{-dci} = \frac{\sqrt{2}I}{\omega C} \cos \alpha_i \cos \theta \tag{4.17}
$$

由式(4.16)和式(4.17)可以看出各 H 桥模块直流侧电压与触发脉冲角余弦值呈正比关系。

综上可以证明，H 桥模块直流侧电压不均衡是由于各 H 桥模块在一个周期内导通角度不同造成的。对于 N 级联 H 桥型 SVQC 来说，虽然在一个周期内各个 H 桥模块直流侧电压的值互不相同，但是可以使得其在 n 个基频周期内的平均值相等，以减小各个 H 桥之间因导通角度不同对直流侧电容电压的影响。

为了解决以上问题，采用一种开关函数轮换方法，图 4.7 为 5 级联 H 桥型逆变器各个 H 桥采用轮换算法后最终开关状态 s_i 的分布情况。图 4.7 中，P 代表 PWM 模式，空白处代表 0 模式，该算法使得各个 H 桥的开关函数在每个基频周期轮换一次，则在 n 个基频周期后，各个 H 桥的开关函数轮换至初始状态，即完成一次脉冲轮换。结合图分析说明，即在第一个半波周期内，不进行轮换，$s_i=s_j$，按图 4.7 中的调制方法分配开关函数(如当 $k=4$ 时，s_1、s_2、s_3 工作于+1 模式，s_4 工

作于 P 模式，s_5 工作于 0 模式）；在第二个半波周期内，进行第 1 次轮换，将 $s_1 \sim$ s_N 依次后移 1 位，并赋值给 $s_1 \sim s_N$，即 $s_1 = s_5$，$s_2 = s_1$，$s_3 = s_2$，$s_4 = s_3$，$s_5 = s_4$；以此类推，直至 2.5 个基频周期后，开关函数恢复至初始序列。

由前文分析可知：

$$u_{dci} = u_{dc} = \frac{2\sqrt{2}I}{\omega C}\cos\theta\left(\frac{1}{n}\sum_{k=1}^{n}\cos\alpha_k\right) \tag{4.18}$$

由此可知，控制开关函数轮换后，在一个开关函数轮换周期内，各个 H 桥模块直流侧电容电压的平均值相等。

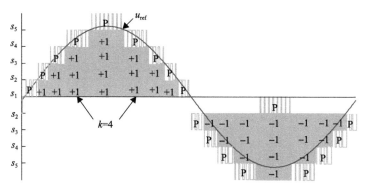

图 4.7　5 级联 H 桥 HPWM 调制轮换各模块开关函数图

4.2　混合调制策略下中高压串联型电压质量控制器的输出性能优化

CHB-SVQC 在设计时通常按电网电压跌落 50% 来进行补偿输出[7]，而实际上，电网电压跌落以 10%～30% 居多[8]。在各逆变器直流侧电压不变的情况下，逆变器输出多电平数目随电网电压跌落幅度的降低而减少[9]，CHB-SVQC 逆变器输出多电平数目较少会导致直流侧电压利用率降低、逆变器输出电压谐波畸变率较大[10]。目前已有文献提出一种通过调节直流侧电压来保证逆变器最大电平输出的方法来解决此类问题[11]，但是频繁调节直流侧电压会使逆变器输出电压波形发生畸变。基于以上问题，本节分析 HPWM 调制技术输出电平数与调制比的关系，提出基于最小能量补偿的自动调节负荷参考电压相位角的控制策略，保证了 CHB-SVQC 在不同电网电压跌落程度下，均能实现输出最大电平数目，同时降低了装置输出电压的谐波含量。

4.2.1　基于 HPWM 调制的 CHB-SVQC 输出电压特性分析

1. HPWM 调制技术调制比与输出电平数目关系

目前关于 CPS-SPWM 调制策略已有很多研究[11, 12]。文献[11]详细分析了 CPS-SPWM 调制比与输出电平数的关系，分析结果表明在 CPS-SPWM 调制下，逆变器输出多电平数目只与调制比和级联数有关。本节借鉴 CPS-SPWM 调制下的分析方法，对 HPWM 调制比与电平数的关系进行详细阐述。

级联 H 桥型逆变器采用 HPWM 调制使得各 H 桥输出电平叠加。设定各 H 桥直流侧电压均为 u_d，当级联数为 N 时，采用 HPWM 调制能够输出 $2N+1$ 个电平，且最高输出电压为 Nu_d。

图 4.8 为 N 级联 H 桥型逆变器输出阶梯波电压与参考电压的波形。因为：

(1) 根据阶梯波调制的原理，对于采用阶梯波调制的 $N–1$ 个单元，当总调制参考信号的峰值大于阶梯波最高一级时，其输出波形最大。

(2) 对于采用 PWM 调制的第 N 个单元，根据 PWM 原理，其输出 PWM 波为 2 电平。

所以输出电压达到 Nu_d 的地方就是总调制波的峰值大于阶梯波最高一级处。

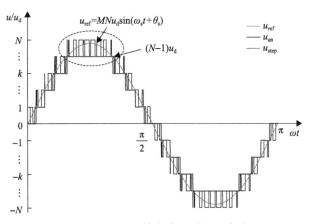

图 4.8　HPWM 输出多电平电压波形

设总调制波参考信号为

$$u_{ref} = MNu_d \sin\left(\omega_s t + \theta_s\right) \tag{4.19}$$

式中，M 为调制比。

令总调制波的峰值大于阶梯波最高一级，即 $MNu_d > (N-1)u_d$，则：

$$M > \frac{N-1}{N} \tag{4.20}$$

更一般地，HPWM 调制要输出任意多电平电压 $Ku_d(K=1,2,\cdots,N)$，输出 $2K+1$ 个电平，有 $Ku_d>MNu_d>(K-1)u_d$，则有

$$\frac{K-1}{N}<M<\frac{K}{N} \tag{4.21}$$

文献[13]中给出了单级倍频 CPS-SPWM 调制下，要使得 N 级联 H 桥型逆变器输出 $2K+1$ 个电平，调制比满足的条件为

$$\frac{K-1}{N}<M<\frac{K}{N} \tag{4.22}$$

比较式(4.21)、式(4.22)可以看出，不管采用 HPWM 调制还是 CPS-SPWM 调制策略，逆变器输出任意电平数时，调制比满足的范围相同，这说明级联逆变器输出多电平数目只与调制比有关，而与采用 HPWM 调制还是 CPS-SPWM 调制无关。

根据式(4.21)的关系，图 4.9 给出了不同级联数目下，采用 HPWM 调制时，逆变器输出多电平数目与调制比的关系。为了便于说明，图 4.9 中错开画出了不同级联数目下，电平数相等的情况。从图 4.9 中可以看出，要使输出电平数达到要求，其调制比需要满足一定的要求，例如，5 级联时要想输出 7 电平，调制比 M 必须满足 $0.4<M<0.6$，分析可知，当调制比 $M>0.8$ 时，输出最大电平数为 11 电平，若 $M\leqslant0.8$，则不能输出最大电平；同时由图 4.9 中电平数相同的位置可以看出提高调制比和增加级联 H 桥数目可以达到相同的输出电平效果。

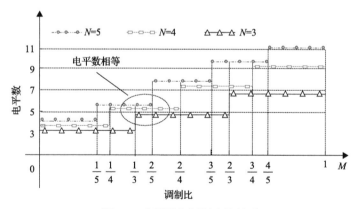

图 4.9 电平数与调制比的关系

2. 不同调制比下逆变器输出阶梯波电压谐波分析

HPWM 调制下，工作于基频阶梯波模式的前 N–1 个 H 桥模块，其所输出的电压 u_{step} 中将含有低次谐波，工作于单极性 PWM 调制模式的第 N 个 H 桥模块，

其调制波信号为总参考调制波 u_{ref} 与 u_{step} 之差,因此其输出的 PWM 波可以抵消阶梯波 u_{step} 中的低次谐波,相互叠加后使得交流侧多电平电压中不含有与基频有关的谐波,仅含有基波及载波倍数次的高次谐波分量。HPWM 调制输出多电平电压表达式为[14]

$$u_{\text{an}} = NMu_{\text{d}}\sin(\omega_{\text{s}} + \theta_{\text{s}})$$

$$+ \frac{4u_{\text{d}}}{m\pi}\sum_{m=2,4,\cdots}^{\infty}\sum_{n=\pm1,\pm3,\cdots}^{+\infty}\left\{\left[\cos\frac{m\pi}{2}\text{J}_n(mM\pi) + X^*\frac{\cos\dfrac{m\pi}{2}-1}{2\pi}\right]\sin(mx+ny)\right\} \quad (4.23)$$

式中, J_n 为 n 阶贝塞尔函数; $x=\omega_{\text{c}}t+j_{\text{c}}$, $y=\omega_{\text{s}}t+\theta_{\text{s}}$, 其中 ω_{c} 和 j_{c} 分别为载波的角频率和相位, ω_{s} 和 θ_{s} 分别为调制信号的角频率和相位(X^* 表达式在此不详细列出,具体可参见文献[14])。

单极性 CPS-SPWM 调制下,输出多电平电压表达式为[1]

$$u_{\text{an}} = NMu_{\text{d}}\sin(\omega_{\text{s}}t + \theta_{\text{s}}) + \frac{4u_{\text{d}}}{\pi}\sum_{m=2,4,\cdots}^{\infty}\sum_{n=\pm1,\pm3,\cdots}^{+\infty}\left\{\frac{\text{J}_n\left(\dfrac{m}{2}M\pi\right)}{m}\cdot(-1)^{\frac{m}{2}}\sin[m\omega_{\text{c}}t+n(\omega_{\text{s}}t-\varphi)]\right\}$$

$$(4.24)$$

由式(4.23)和式(4.24)可以看出,HPWM 调制和 CPS-SPWM 调制输出电压基波分量相同,区别在于谐波分布。HPWM 调制输出多电平电压中不含有载波整倍数次的高频谐波,而只含有载波偶数倍次附近的奇数次边带谐波[12]。单极性 CPS-SPWM 调制的输出多电平电压谐波主要出现在 k_{c}(k_{c} 为频率调制比, $k_{\text{c}}=\omega_{\text{c}}/\omega_{\text{s}}$)的偶数倍次[15]。

为了研究不同调制比下 HPWM 调制和 CPS-SPWM 调制的输出性能,在图 4.10 中分别画出了采用 HPWM 调制和 CPS-SPWM 调制下,当调制比 M 的值在 0.05 到 1 之间变化时,5 级联 H 桥型逆变器输出多电平电压基波幅值及其 THD 的变化。

由图 4.10(a)可以看出,在相同调制比下,两种调制方式下的输出基波电压幅值基本相同,验证了理论分析的正确性。由图 4.10(b)可以看出,随着调制比 M 的逐渐增大,HPWM 调制和 CPS-SPWM 调制输出多电平电压 THD 均逐渐减小,这是因为随着 M 的增大,逆变器输出的电平数逐渐接近最大电平数,同时级联 H 桥型逆变器直流侧电压利用率也逐渐提高,所以逆变器输出多电平电压谐波含量逐渐降低。同时,从图 4.10(b)中可以发现,在相同调制比下,两种调制方式的 THD 相差不大,但是 HPWM 调制不仅可以保证较高质量的多电平输出波形,并且由于只有一个模块工作于高频，其他模块工作于工频，所以总的开关频次远低于 CPS-SPWM 调制，从而有利于降低开关损耗。

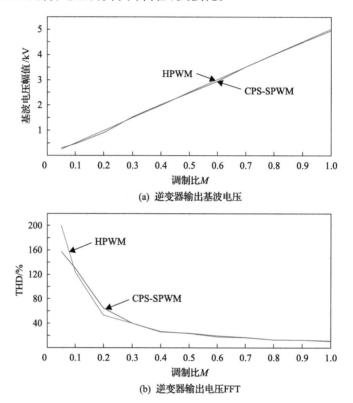

(a) 逆变器输出基波电压

(b) 逆变器输出电压FFT

图 4.10 不同调制比下 HPWM 和 CPS-SPWM 输出基波电压幅值及其 THD

4.2.2 CHB-SVQC 输出电压谐波优化控制

CHB-SVQC 采用 HPWM 调制与采用 CPS-SPWM 调制相比，不但可以保证较高质量的多电平输出波形，而且通过降低器件的开关频率，从而有利于降低开关损耗。但是当电网电压跌落幅度较小时，CHB-SVQC 会存在补偿深度较小、逆变器输出电平数较小的问题，并且会进一步导致直流侧电压利用率低以及逆变器输出电压谐波畸变率较大。所以提出在不同电网电压跌落幅度下，CHB-SVQC 逆变器均能实现最大电平输出的方法是有重要意义的。

由 4.2.1 节分析可知，CHB-SVQC 采用 HPWM 调制策略时，输出基波电压值 $F(t)$ 为

$$F(t) = NMu_d \sin(\omega_s t + \theta_s) \tag{4.25}$$

式(4.25)说明，逆变器输出基波电压与级联数 N、调制比 M 以及直流侧电压

u_d 有关，而与采用的调制方式无关。式 (4.20) 表明，要使 N 级联 H 桥型逆变器输出峰值电压 Nu_d，调制比需要满足一定的条件。

N 级联 H 桥型 SVQC 需要补偿的基波电压值为 U_{SVQC}，各 H 桥型逆变器直流侧电压均为 u_d，则此时调制比的值为

$$M = \frac{U_{SVQC}}{Nu_d} \tag{4.26}$$

由式 (4.26) 可以看出，调整多电平 SVQC 补偿基波电压 U_{SVQC} 或者直流侧电压 u_d，均能达到调整调制比 M 的目的。但是频繁调节直流侧电压会使得逆变器输出电压谐波含量增加，并且其暂态调节过程会对系统产生影响。所以本章提出一种在直流侧电压固定的情况下，能够使得在不同电网电压跌落幅度下，CHB-SVQC 保持输出最大电平数目的方法。

1. 最大电平输出条件

HPWM 调制或者 CPS-SPWM 调制时，在不超调的前提下，要使级联逆变器输出最大电平，输出峰值电压 Nu_d，结合式 (4.20)、式 (4.26) 可以得出此时有

$$\frac{N-1}{N} < \frac{U_{SVQC}}{Nu_d} < 1 \tag{4.27}$$

从而，在不改变直流侧电压的情况下，最大电平输出时，逆变器需要补偿的基波电压 U_{SVQC} 需满足：

$$(N-1)u_d < U_{SVQC} < Nu_d \tag{4.28}$$

为了能够调整多电平 SVQC 补偿的基波电压，使其满足式 (4.28) 的要求，需要对 SVQC 的补偿策略进行分析。目前 CHB-SVQC 的补偿策略主要有同相补偿、完全补偿及纯无功补偿[16]。其中采用同相补偿和完全补偿都仅能够使得装置用一定的补偿电压使负荷电压稳定在目标值。而纯无功补偿的目的是使装置与外部系统的有功功率交换最小，并使负荷电压稳定在目标值，其逆变器输出基波电压可以在一定范围内进行调整，所以本节采用纯无功补偿策略。

本章采用的 CHB-SVQC 单相主电路结构如图 4.1 所示，电网电压发生跌落时，基于暂降前负荷电压的单相电压向量图如图 4.11 所示[16]。

图 4.11 中，O 点为负荷电压幅值轨迹圆圆心；小圆为 SVQC 的补偿极限圆；向量 U_s 的终点为小圆的圆心；U_{pre} 为暂降前的负荷电压；U_s 为发生暂降后的电网电压；U_{ref} 为负荷参考电压；I_L 为暂降后的负荷电流；φ_s 为电网侧功率因数角；φ_L 为负荷侧功率因数角，假设保持不变；$\Delta\theta$ 为 U_s 发生暂降时的相位跳变角（U_s 超前

于 U_{pre} 时为正）；U_{SVQC}、φ_{SVQC} 分别为补偿电压的幅值和相位；U_{SVQC}^{*} 为补偿电压的参考幅值；β 为负荷参考电压相位角，当 β 增大或减小时，U_{ref} 随之发生顺向或逆向旋转。

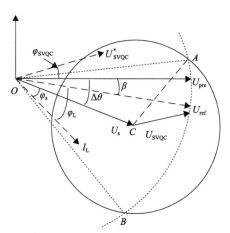

图 4.11　SVQC 单相电压向量图

由图 4.11 可以看出，弧 AB 与小圆的相交部分就是负荷参考电压可以旋转变化的范围，当负荷参考电压旋转至 A 点或者 B 点时，SVQC 输出最大补偿电压 $U_{SVQCmax}$，并且 SVQC 补偿范围即为 β 可以变化的范围。由此可以确定出 SVQC 补偿电压的大小范围。

在三角形 AOC 中，由余弦定理可以得出：

$$\angle AOC = \arccos \frac{\left|U_{pre}\right|^{2} + \left|U_{s}\right|^{2} - \left|U_{SVQCmax}\right|^{2}}{2\left|U_{pre}\right|\left|U_{s}\right|} \tag{4.29}$$

进而可以得出负荷参考电压相位角 β 的变化范围为

$$\Delta\theta - \angle AOC \leqslant \beta \leqslant \Delta\theta + \angle AOC \tag{4.30}$$

一般地，当 U_{ref} 旋转到 A、B 两点之间任意位置时，有

$$U_{SVQC}^{2} = U_{ref}^{2} + U_{s}^{2} - 2U_{ref}U_{s}\cos\left(\beta - \Delta\theta\right) \tag{4.31}$$

从而可以得出：

$$U_{SVQC} = \sqrt{U_{ref}^{2} + U_{s}^{2} - 2U_{ref}U_{s}\cos\left(\beta - \Delta\theta\right)} \tag{4.32}$$

由式(4.32)可以看出，通过旋转负荷参考电压相位角 β，可以使得级联型多电平 SVQC 输出的补偿电压值发生变化，并且 CHB-SVQC 可以输出的补偿电压值

的范围即为负荷参考电压相位角 β 可变化的范围。由此提出,在不改变直流侧电压的前提下,可以利用调整负荷参考电压相位角 β 来提高调制比,从而可以提高直流侧电压利用率,达到输出最大电平数的目的。

结合式(4.31)和式(4.32)可以得出,逆变器输出最大 $2N+1$ 个电平,输出峰值电压 Nu_d 时,有

$$(N-1)u_{\mathrm{d}} < \sqrt{U_{\mathrm{ref}}^2 + U_{\mathrm{s}}^2 - 2U_{\mathrm{ref}}U_{\mathrm{s}}\cos(\beta - \Delta\theta)} < Nu_{\mathrm{d}} \qquad (4.33)$$

进而得出

$$\beta_1 < \beta < \beta_2 \qquad (4.34)$$

式中

$$\beta_1 = \Delta\theta + \arccos\frac{U_{\mathrm{ref}}^2 + U_{\mathrm{s}}^2 - (N-1)^2 u_{\mathrm{d}}^2}{2U_{\mathrm{ref}}U_{\mathrm{s}}} \qquad (4.35)$$

$$\beta_2 = \Delta\theta + \arccos\frac{U_{\mathrm{ref}}^2 + U_{\mathrm{s}}^2 - N^2 u_{\mathrm{d}}^2}{2U_{\mathrm{ref}}U_{\mathrm{s}}} \qquad (4.36)$$

通过旋转 U_{ref} 改变 β 值的大小,从而使得逆变器输出补偿电压满足最大电平输出的条件。

2. 最小能量角的确定

确定最大电平输出范围后,需要根据最小能量补偿策略寻找最小能量角,使得 CHB-SVQC 工作于最大电平输出条件下的最小能量补偿状态。

由图 4.11 可知,单相级联型多电平 SVQC 输出有功功率为

$$\begin{cases} P_{\mathrm{d}} = U_{\mathrm{ref}}I_{\mathrm{L}}\cos\varphi_{\mathrm{L}} - U_{\mathrm{s}}I_{\mathrm{L}}\cos\varphi_{\mathrm{s}} \\ \varphi_{\mathrm{s}} = \varphi_{\mathrm{L}} + \Delta\theta - \beta \end{cases} \qquad (4.37)$$

式中, $P_{\mathrm{d}}>0$ 表示级联型多电平 SVQC 发出有功功率; $P_{\mathrm{d}}<0$ 表示级联型多电平 SVQC 吸收有功功率; $P_{\mathrm{d}}=0$ 表示 CHB-SVQC 与系统没有有功交换。

分析式(4.37)可知,在负荷功率因数角 φ_{L}、负荷参考电压幅值 U_{ref} 及负荷电流 I_{L} 不变的条件下,在 SVQC 的补偿范围内,对于纯无功补偿策略,CHB-SVQC 与系统的有功交换同时取决于暂降后电网电压的幅值 U_{s}、功率因数角 φ_{s} 以及负荷参考电压相位角 β 的选择。

若 $P_{\mathrm{d}}=0$,即 CHB-SVQC 与系统无有功交换,由式(4.37)求得

$$\beta_{\min} = \varphi_{\mathrm{L}} + \Delta\theta - \arccos\frac{U_{\mathrm{ref}}\cos\varphi_{\mathrm{L}}}{U_{\mathrm{s}}} \qquad (4.38)$$

此时负荷所需的有功功率全部由系统提供。分析式(4.38)可知，只有当满足条件 $U_s \geqslant U_{ref} \cos\varphi_L$ 时，式(4.38)才成立。当电网电压跌落幅度较大以至于不能满足上述条件时，CHB-SVQC 必须输出有功功率，此时

$$\frac{\partial P_d}{\partial \beta} = -U_s I_L \sin(\varphi_L + \Delta\theta - \beta) \tag{4.39}$$

式(4.39)的值为 0 时，P_d 最小，此时

$$\beta_{min} = \varphi_L + \Delta\theta \tag{4.40}$$

此时由电网尽可能多地提供负荷所需要的有功功率。由式(4.38)和式(4.40)确定最小能量角后，可以进一步求得逆变器输出补偿电压的幅值和相位分别为

$$U_{SVQC} = \sqrt{U_s^2 + U_{ref}^2 - 2U_s U_{ref} \cos(\beta_{min} - \Delta\theta)} \tag{4.41}$$

$$\varphi_{SVQC} = \beta_{min} + \arccos\frac{U_{SVQC}^2 + U_{ref}^2 - U_s^2}{2 \cdot U_{SVQC} \cdot U_{ref}} \tag{4.42}$$

3. 最大电平输出约束下的调整策略

考虑到 SVQC 零有功输出的条件，当所求得的最小有功输出时的最小能量角 β_{min} 不满足式(4.33)所示的最大电平输出约束条件时，需要采取相应的调整策略，使其满足最大电平输出条件。

在 CHB-SVQC 输出最大电平数的前提下，当 β_{min} 不在 (β_1, β_2) 区间内时，说明在 (β_1, β_2) 区间内，仅能够实现最大电平输出，此时，需要调节负荷参考电压相位，使其位于 (β_1, β_2) 区间内，并重新寻找最小能量角，使得 CHB-SVQC 同时工作于最大电平输出和最小能量补偿状态。

情况 1：若在最大电平输出范围 (β_1, β_2) 区间内，P_d 恒大于 0，表明 CHB-SVQC 向负载输出有功功率，此时应该寻找功率最小值，则有

$$\beta'_{min} = P^{-1}[\min(P(\beta_1), P(\beta_2))] \tag{4.43}$$

情况 2：若在最大电平输出范围 (β_1, β_2) 区间内，P_d 恒小于 0，表明 CHB-SVQC 从系统吸收有功功率，此时应该寻找功率最大值，则有

$$\beta''_{min} = P^{-1}[\max(P(\beta_1), P(\beta_2))] \tag{4.44}$$

然后根据式(4.41)和式(4.42)求得 CHB-SVQC 输出补偿电压的幅值和相位，

进而进行 SVQC 补偿。

综上所述，在系统发生暂降时，应该使系统尽可能多地提供负荷所需要的有功，从而使得 CHB-SVQC 输出的有功功率最小。因此，当系统满足最大电平输出条件时，负荷参考电压向量应该以暂降电压向量为基准缓慢旋转至有功功率最小的点。

负荷参考电压相位动态调节流程如图 4.12 所示。首先检测电网电压 U_s，定义 $d_{sag}=(1-U_s/U_s^*) \times 100\%$ 为电网电压跌落幅度，其中，U_s^* 为电网电压正常时的有效值，若 $d_{sag} > 5\%$，则判定为电网电压发生暂降故障，否则说明电网电压发生波动[17]。然后检测电网电压相位跳变角 $\Delta\theta$，判断计算得出的最小能量补偿时的负荷参考电压相位角 β_{min} 是否满足最大电平输出时所需条件，即式(4.33)。如果满足条件，则不需要旋转负荷参考电压相位；若不符合条件要求，则需要缓慢旋转负荷参考电压相位直至其满足要求。

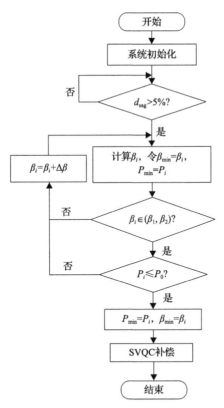

图 4.12　负荷参考电压相位动态调节流程图

根据图 4.3 的 CHB-SVQC 单相等效电路图，采用负荷电压瞬时值反馈外环和滤波电容电流瞬时值反馈内环的电压补偿控制策略[18]，控制框图如图 4.13 所示。

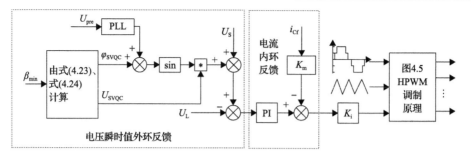

图 4.13　CHB-SVQC 电压补偿的控制框图

i_{Cf} 为滤波电容电流；K_m 为滤波电容电流支路增益；K_i 为内部增益

4.3　仿 真 分 析

1. 基于 CPS-SPWM 和 HPWM 技术的 CHB-SVQC 仿真分析

为了验证本章所介绍 HPWM 调制技术的可行性和有效性，基于 MATLAB 仿真软件搭建了 220V 单相 3 级联 CHB-SVQC 仿真模型，仿真模型见图 4.2，仿真参数如表 4.2 所示。其中，所有 PWM 调制的载波频率均为 2kHz。

表 4.2　单相 3 级联 CHB-SVQC 仿真参数

参数名称	参数值
电网电压额定值	220V
滤波电感 L_f	0.5mH
滤波电容 C_f	20μF
直流侧电压 U_{dcref}	50V
级联数	3
负载电阻	24Ω
PWM 载波频率	2kHz

图 4.14 和图 4.15 分别为 CHB-SVQC 采用载波移相正弦脉宽调制(CPS-SPWM)及混合脉宽调制(HPWM)下的输出电压及其 THD 分析波形。表 4.3 中对比列出了 CPS-SPWM 调制和 HPWM 调制下的补偿电压 THD 及 H 桥的等效开关频率。

表 4.3　补偿电压 THD 及 H 桥等效开关频率对比表

调制策略	CPS-SPWM 调制	HPWM 调制
补偿电压 THD/%	0.43	1.33
开关频率	3×2kHz	2×50kHz+2kHz

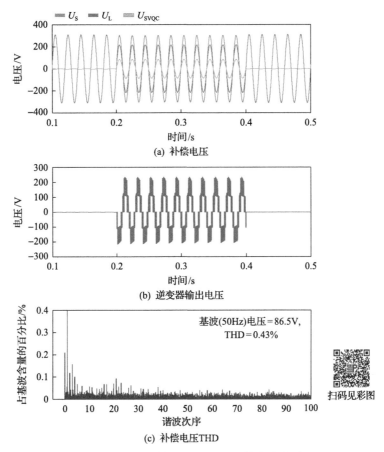

(a) 补偿电压

(b) 逆变器输出电压

基波(50Hz)电压 = 86.5V,
THD = 0.43%

(c) 补偿电压THD

扫码见彩图

图 4.14　CPS-SPWM 调制下 CHB-SVQC 仿真波形图

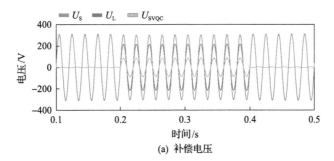

(a) 补偿电压

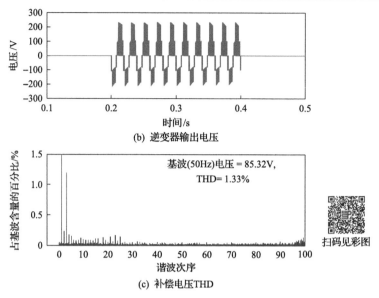

图 4.15　HPWM 调制下 CHB-SVQC 仿真波形图

在 0.2～0.4s 时间内，电网电压跌落 30%情况下，由图 4.14 和图 4.15 可以看出，经过 CHB-SVQC 补偿，负载电压可以稳定在目标值。由图 4.14(c) 和图 4.15(c) 补偿电压 THD 分析及表 4.3 可以看出，尽管 CPS-SPWM 调制策略与 HPWM 调制相比，补偿电压的谐波畸变率较低，但是其开关频率较大，进而导致较大的开关损耗。在 HPWM 调制技术下，虽然补偿电压 THD 稍大一些，但是其开关频率比 CPS-SPWM 调制下低得多，所以在级联数较大的场合，HPWM 调制技术具有优越的低开关损耗特性，具有很好的应用前景。

2. 输出电平数仿真分析

为验证上述理论分析的正确性，将所述 5 级联 H 桥型逆变器分别采用 HPWM 调制和 CPS-SPWM 调制下的输出多电平电压进行对比，基于 MATLAB 仿真软件，搭建了相应的模型，仿真参数如表 4.4 所示。其中，CPS-SPWM 调制时，采用基于自然采样法的单级倍频调制方法。

表 4.4　调制比与电平数关系的仿真参数

三角载波幅值	三角载波频率/Hz	调制波频率/Hz	直流侧电压值/kV
1	2000	50	1

图 4.16 为 5 级联逆变器采用 HPWM 调制时输出多电平电压仿真波形图。图 4.16(a) 中，调制比 $M=0.85>0.8$，满足式(4.27)，所以能够输出的最大电平数为 11；而图 4.16(b) 调制比 M 的值为 $0.6<M<0.8$，满足式(4.28)，所以仅能够输

出 9 电平。

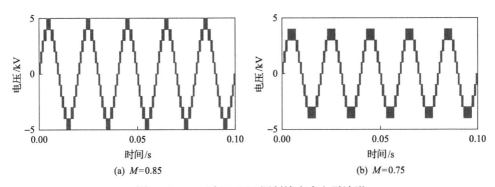

(a) *M*=0.85　　　　　　　(b) *M*=0.75

图 4.16　*N*=5 时 HPWM 调制输出多电平波形

N 为级联数

图 4.17 为相应调制比下，CPS-SPWM 调制仿真波形，可以看出，在相同调制比和级联数下，两种调制策略输出电平数相同，这表明逆变器输出电平数仅与调制比和级联数有关，而与采用 HPWM 调制还是 CPS-SPWM 调制无关。

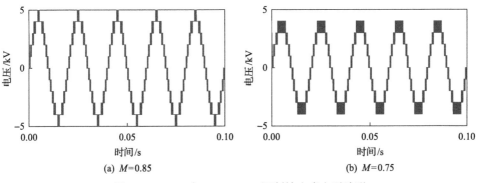

(a) *M*=0.85　　　　　　　(b) *M*=0.75

图 4.17　*N*=5 时 CPS-SPWM 调制输出多电平波形

3. 输出电压谐波特性仿真分析

图 4.18(a)和(b)分别给出了 2 级联 H 桥型逆变器输出 5 电平情况下，HPWM 调制和 CPS-SPWM 调制的输出多电平电压 FFT 仿真波形。

由图 4.18 可以看出，两种调制方式下逆变器输出基波电压幅值及 THD 基本相同，区别在于谐波分布不同。由图 4.18(a)可以看出，HPWM 调制下逆变器输出电压的边带谐波主要位于在 4kHz 和 8kHz 谐波附近。而 CPS-SPWM 调制下逆变器输出电压的边带谐波次数可以提高 *N* 倍，如图 4.18(b)所示其主要分布在 8kHz 附近。由于当载波的频率较高时，边带谐波的幅值较小，其对 THD 的影响也较小，所以在级联数和调制比相同的情况下，HPWM 调制和 CPS-SPWM 调制的 THD 相差不大。验证了理论分析的正确性。

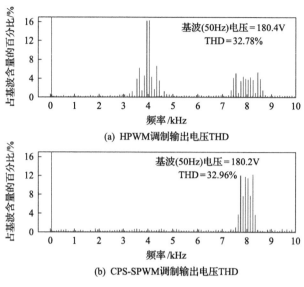

(a) HPWM调制输出电压THD

(b) CPS-SPWM调制输出电压THD

图 4.18　N=2 时逆变器输出电压仿真波形

4. CHB-SVQC 补偿特性仿真分析

由 4.2 节分析可知，当电网电压幅值、负荷参考电压相位角及 CHB-SVQC 补偿电压满足一定的关系时，装置的能量控制就可以达到最大电平输出约束下的最小能量补偿效果。为了验证本章控制策略的有效性，基于 MATLAB 仿真软件，搭建了 220V 单相 CHB-SVQC 仿真模型，仿真模型见图 4.2，其仿真参数见表 4.5。

仿真时设置电网电压在 0.2～0.3s 时发生 20% 跌落，相位跳变角为 $\Delta\theta_1$=46.5°；在 0.4～0.5s 时发生 10% 跌落，相位跳变角为 $\Delta\theta_2$=43°。按照 SVQC 最大补偿能力为电网电压跌落 50%，设置级联 H 桥型逆变器直流侧电压均为 50V。

表 4.5　220V 单相 CHB-SVQC 仿真参数

参数名称	参数值
电网电压额定值	220V
滤波电感 L_f	0.2mH
滤波电容 C_f	5μF
直流侧电压 U_{dcref}	50V
级联数	3
负载电阻	24Ω
负荷功率因数角 φ_L	41.41°

在图 4.19 中给出了 CHB-SVQC 采用同相补偿时的仿真波形图。其中，图 4.19 (d) 为 0.4~0.5s 内 CHB-SVQC 输出补偿电压 THD 的图形。由图 4.19(a) 可以看出，通过 SVQC 补偿，负载电压能够稳定在目标值。由图 4.19(b) 可以看出，0.2~0.3s 时，电网电压跌落 20% 情况下，逆变器输出 5 电平；0.4~0.5s 时，电网电压跌落 10% 情况下，逆变器仅输出 3 电平，此时直流侧电压利用率较低，并且由图 4.19(d) 可以看出当逆变器输出电平数较小时输出电压谐波畸变率较大。

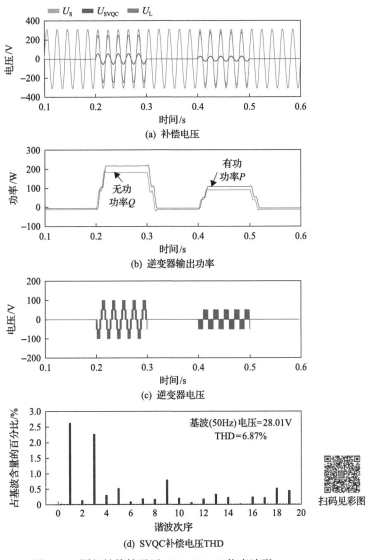

(a) 补偿电压

(b) 逆变器输出功率

(c) 逆变器电压

(d) SVQC补偿电压THD

图 4.19　同相补偿情况下 CHB-SVQC 仿真波形

扫码见彩图

以下对本章所采用的基于最小能量补偿的最大电平输出控制方法进行仿真分

析。由式(4.35)和式(4.36)计算可得：在最大电平输出前提下，0.2～0.3s 内在电网电压跌落 20%时，负荷参考电压相位角 β 满足的范围为(62.76°, 74.91°)；0.4～0.5s 内电网电压跌落 10%时，负荷参考电压相位角 β 满足的范围为(61.56°, 71.84°)。

由式(4.38)计算可得，在 CHB-SVQC 输出有功功率 P_d=0 时，0.2～0.3s 内电网电压跌落 20%情况下，最小能量角 β_{min1}=67.55°，位于最大电平输出时的 β 范围之内，说明此时既可以实现最大电平输出，又可以实现零有功补偿；0.4～0.5s 内电网电压跌落 10% 情况下，最小能量角 β_{min2}=50.82°，不满足最大电平输出时 β 的范围，此时需要按照图 4.12 所示 β 的调节流程图，根据式(4.43)和式(4.44)重新寻找最小能量角 β_{min}，使得装置工作于最大电平输出条件下的最小能量补偿状态。

由式(4.41)和式(4.42)可知，在确定最小能量角 β_{min} 之后，就可以进一步得出逆变器输出补偿电压的幅值和相位，进而进行 CHB-SVQC 补偿。

通过仿真得出采用本节所述控制策略时 CHB-SVQC 仿真波形，如图 4.20 所示。其中，图 4.20(d)为 0.4～0.5s 内 CHB-SVQC 输出补偿电压 THD 图形。

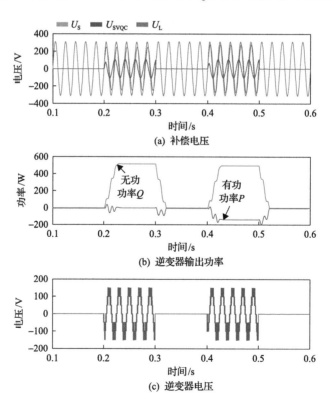

(a) 补偿电压

(b) 逆变器输出功率

(c) 逆变器电压

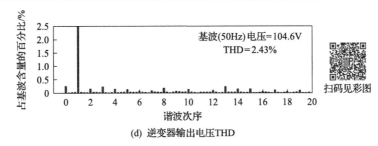

图 4.20　基于最小能量补偿的最大电平输出策略下 CHB-SVQC 仿真波形

　　由图 4.20(a)可以看出，通过 SVQC 补偿，负载电压能够稳定在目标值。由图 4.20(b)和(c)可以看出，0.2～0.3s 时，系统同时实现了最大电平输出和零有功补偿，验证了理论分析的正确性。0.4～0.5s 时，由于所求得的零有功输出时的最小能量角不满足最大电平输出条件，并且由于在最大电平输出范围内，CHB-SVQC 输出有功功率小于 0，所以此时需要根据式(4.44)调整负荷参考电压相位至功率输出最大值处，重新确定最小能量角，然后进行 SVQC 补偿。可以看出，0.4～0.5s 时，调整后的系统也同时满足了最大电平输出和最小能量补偿，验证了理论分析的正确性。

　　对比分析图 4.19(d)和图 4.20(d)可知，系统采用本章所述控制策略时，CHB-SVQC 输出补偿电压 THD 降低。由此可知，采用所述基于最小能量补偿的最大电平输出控制策略，不仅可以提高逆变器直流侧电压利用率，还可以降低逆变器输出电压 THD。

4.4　本　章　小　结

　　本章首先介绍一种混合低频和高频的混合脉宽调制技术，该调制技术不仅可以保证较高质量的多电平输出波形，还可以降低功率器件的开关频率，从而有利于降低开关损耗。然后针对 HPWM 调制策略下 CHB-SVQC 直流侧电压不均衡的问题，提出了一种采用开关函数轮换的直流侧平衡控制方法，理论分析表明该平衡控制方法能够保证在一个开关函数轮换周期内，各个 H 桥模块直流侧电容电压的平均值相等。最后针对在电网电压跌落程度较小时，CHB-SVQC 逆变器直流侧电压利用率较低、输出电压谐波畸变率较大的问题，提出了基于最小能量补偿的自动调节负荷参考电压相位角的控制策略，其能够保证 CHB-SVQC 在不同电网电压跌落幅度下，均能实现最大电平数目的输出，有效提高直流侧电压利用率与逆变器输出电压质量。

参 考 文 献

[1] Rodriguez J, Jih-Sheng L, Peng F Z. Multilevel inverters a survey of topologies, controls, and applications[J]. IEEE Transactions on Industrial Electronics, 2002, 49(4): 724-738.

[2] 管敏渊, 徐政, 屠卿瑞. 模块化多电平换流器型直流输电的调制策略[J]. 电力系统自动化, 2010, 34(2): 48-52.

[3] 刘教民, 孙玉巍, 李永刚, 等. 级联式电力电子变压器混合脉宽调制谐波分析及均衡控制[J]. 电力系统自动化, 2017, 41(7): 101-107.

[4] 吴锐, 温家良, 于坤山, 等. 不同调制策略下两电平电压源换流器损耗分析[J]. 电网技术, 2012, 36(10): 93-98.

[5] 何变. 基于混合调制的级联 SVG 的控制方法及实验研究[D]. 上海: 上海交通大学, 2014.

[6] Moosavi M, Farivar G, Iman-Eini H, et al. A voltage balancing strategy with extended operating region for cascaded H-bridge converters[J]. IEEE Transactions on Power Electronics, 2014, 29(9): 5044-5053.

[7] 张喆. 改善微电网电能质量的动态电压恢复器研究[D]. 南京: 东南大学, 2015.

[8] 肖湘宁. 电能质量分析与控制[M]. 北京: 中国电力出版社, 2004: 124-132.

[9] Babaei E, Kangarlu M F, Sabahi M. Dynamic voltage restorer based on multilevel inverter with adjustable DC-link voltage[J]. IET Power Electronics, 2014, 7(3): 576-590.

[10] 王兆安, 杨君, 刘进军, 等. 谐波抑制和无功功率补偿[M]. 北京: 机械工业出版社, 2005: 18-21.

[11] 李玲玲, 鲁修学, 吉海涛, 等. 级联 H 桥型 SVG 直流侧电压平衡控制方法[J]. 电工技术学报, 2016, 31(9): 1-7.

[12] 蔡信建, 吴振兴, 孙乐, 等. 直流电压不均衡的级联 H 桥多电平变频器载波移相 PWM 调制策略的设计[J]. 电工技术学报, 2016, 31(1): 119-127.

[13] 涂春鸣, 吴连贵, 姜飞, 等. 基于输出最大电平数的级联 H 桥型动态电压恢复器控制策略[J]. 电网技术, 2017, 41(3): 948-955.

[14] Liu J M, Sun Y W, Li Y G, et al. Theoretical harmonic analysis of cascaded H-bridge inverter under hybrid pulse width multilevel modulation[J]. IET Power Electronics, 2016, 9(14): 2714-2722.

[15] 张贞艳, 仲伟松. 级联 H 桥型多电平逆变器的 CPS-SPWM 调制策略研究[J]. 电网与清洁能源, 2015, 31(10): 44-50.

[16] 刘颖英. 串联型电能质量复合调节装置的补偿策略研究[D]. 北京: 华北电力大学, 2010.

[17] Galeshi S, Iman-Eini H. Dynamic voltage restorer employing multilevel cascaded H-bridge inverter[J]. IET Power Electronics, 2016, 9(11): 2196-2204.

[18] 张丽. 级联型多电平动态电压恢复器输出性能优化控制策略研究[D]. 长沙: 湖南大学, 2019.

第5章 基于交流侧滤波电感复用的多功能串联型电压质量控制器

作为电网电压质量问题治理的重要手段之一，串联型电压质量控制器已引起较多关注，并得到了一定程度的研究。但当电网负载侧发生短路故障时，此类电力电子设备的串联部分势必承受较大短路电流，容易造成功率器件及装置损坏，严重时甚至危及电网安全。于是，本章通过巧妙地增设双向晶闸管支路，提出了一种基于交流侧滤波电感复用的串联型电压质量控制器，简称多功能电压质量控制器-I（multifunctional series voltage quality controller，MF-SVQC-I）。同时，对MF-SVQC-I的基本工作原理进行了详细介绍。针对MF-SVQC-I所实现的功能，给出了相应的控制方法。此外，为避免各功能间切换失效以及切换过程存在的暂态冲击，提出了不同运行模式下MF-SVQC-I的优化运行技术。

5.1 多功能电压质量控制器-I基本原理

5.1.1 MF-SVQC-I拓扑结构

多功能电压质量控制器-I（MF-SVQC-I）的拓扑结构如图 5.1 所示，其中，u_S 为电网电压，Z_S、Z_{Line} 分别为电网等效系统阻抗、输电线路等效阻抗，$L_{fi}(i=a，b，c)$、$C_{fi}(i=a，b，c)$、分别为串联交流器输出侧滤波电感和电容。负载侧接含有非

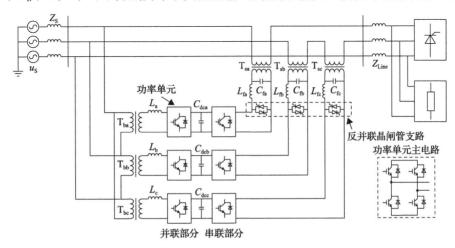

图 5.1 MF-SVQC-I结构框图

线性及其他敏感性设备的用户。

MF-SVQC-Ⅰ为三单相结构，各相分别由并联部分、串联部分及反并联晶闸管支路组成。并联部分由并联变压器(T_{ba}、T_{bb}、T_{bc})、滤波电感(L_a、L_b、L_c)、功率单元(H 桥逆变器)组成[1]。串联部分逆变器出口侧接 LC 输出滤波器，并通过降压型串联变压器(T_{sa}、T_{sb}、T_{sc})接入输电线路。并联部分和串联部分共用直流部分(C_{dcai}、C_{dcbi}、C_{dcci})。反并联晶闸管接在串联部分逆变器的交流输出端与 LC 输出滤波器之间。该拓扑的优点在于：

(1)并联变流器位于并联变压器二次侧，各模块单独控制；并联变压器原边采用三角形接线形式，能够为三次谐波提供流通回路，保证主磁通呈正弦波，也可减小直流侧电压脉动对系统的影响。

(2)串联变流器位于串联变压器二次侧，有助于降低功率单元承载电压。

(3)并联变流器与串联变流器共用直流母线，能够实现两侧变流器交流端之间功率的双向流动，两侧变流器可分别在交流输出端产生或吸收无功功率。

(4)通过控制反并联晶闸管的通断，与串联变压器、LC 输出滤波器相配合进行短路电流限制，功能实现简单。

5.1.2　MF-SVQC-Ⅰ工作原理

对于 MF-SVQC-Ⅰ系统而言，电能质量调节功能和故障限流功能的实现分别处于电网的不同运行状态，当负载侧未发生短路故障时，MF-SVQC-Ⅰ系统可看作一台电能质量调节装置；当负载侧发生短路故障时，MF-SVQC-Ⅰ系统可看作一台限流装置。根据电路基本理论，对不同功能进行如下分析。

1. 负载侧未发生短路故障

当负载侧未发生短路故障时，MF-SVQC-Ⅰ系统看作电能质量调节装置，功能实现主要依靠并联变压器(T_{ba}、T_{bb}、T_{bc})、并联变流器、滤波电感($L_{ai(i=1,2,3,4)}$、$L_{bi(i=1,2,3,4)}$、$L_{ci(i=1,2,3,4)}$)、串联变压器(T_{sa}、T_{sb}、T_{sc})、串联变流器、LC 输出滤波器(为便于叙述，下面用 L_f、C_f 分别代表滤波电感和滤波电容的实际取值)。图 5.2 为电网未发生短路故障下的 MF-SVQC-Ⅰ系统电气模型，并联部分可以等效为受控电流源，补偿负载侧谐波电流，可看作并联有源电力滤波器(APF)，维持直流侧母线电压稳定；串联部分可等效为受控电压源，通过控制逆变器输出可变的电压幅值、相角维持负载侧电压 u_2 的稳定，所需能量由并联部分提供。其中，u_{sh} 和 u_s 分别为网侧谐波和基波电压源；k 为串联变压器变比；i_b 为并联变压器输出电流；i_{Lf} 为负载阻抗电流；u_{Lf} 和 u_c 分别为滤波电感电压和串联变流器出口端电压。若忽略 LC 滤波电感、电阻的损耗，则逆变侧输出的电压为[2]

$$u_{SVQC} = k(u_c - u_{Lf}) \tag{5.1}$$

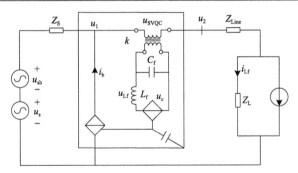

图 5.2　未发生短路故障下的 MF-SVQC-I 系统电气模型

2. 负载侧发生短路故障

当负载侧发生短路故障时，MF-SVQC-I 系统可看作故障限流装置，功能实现主要依靠串联变压器(T_{sa}、T_{sb}、T_{sc})、LC 输出滤波器、反并联晶闸管支路，并联部分仅维持直流侧电压稳定。图 5.3 为电网短路故障下的 MF-SVQC-I 系统电气模型。若输电线路负载侧发生三相短路故障，MF-SVQC-I 系统的各相均需运行在限流模式，由于滤波电容 C_f 的基波阻抗较大，因此，短路时流过 C_f 的基波电流 i_{Cf} 很小，串联变压器(T_{sa}、T_{sb}、T_{sc})二次侧电流 i_{T2} 近似等于流过滤波电感上的电流 i_{Lf}[3]。则 LC 输出滤波器的滤波电感与串联变压器耦合为一个数值较大的限流阻抗 Z_{lim}，其值为

$$Z_{lim} = k^2 \omega L_f \tag{5.2}$$

式中，ω 为基波角频率；k 为降压型串联变压器的一、二侧电压变比，且 $k>1$。

若故障发生在负载侧线路首段，且忽略系统阻抗 Z_S，则 $T_{sa(b,c)}$ 上的压降为

$$u_S = k^2 \omega L_f i_{fault} \tag{5.3}$$

由式(5.3)可知，MF-SVQC-I 系统在限流模式下的线路故障电流可表示为

$$i_{fault} = \frac{u_S}{k^2 \omega L_f} \tag{5.4}$$

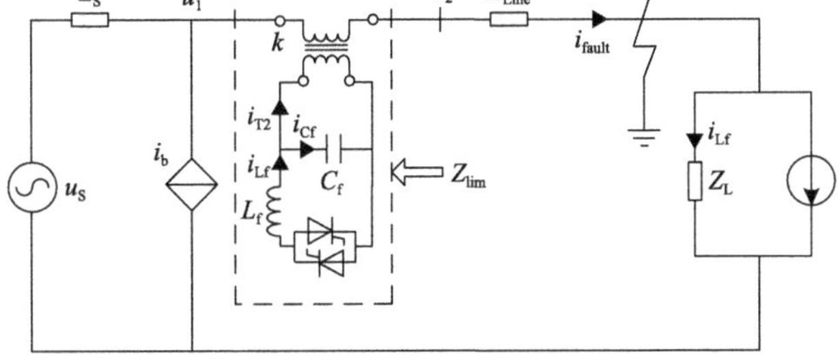

图 5.3　发生短路故障下的 MF-SVQC-I 系统电气模型

值得说明的是，当电网侧远端故障引起负载侧电压波动时，MF-SVQC-Ⅰ系统运行在电压补偿模式，能够维持负载侧电压稳定，MF-SVQC-Ⅰ系统不受电源电压小范围波动的影响；当电网侧近端发生严重故障时，由于MF-SVQC-Ⅰ系统的直流侧取电来自电源侧，且MF-SVQC-Ⅰ系统功能实现的前提是直流侧电压稳定，而此时电网侧近端故障可能对直流侧电压稳压值产生严重影响，因此，要求MF-SVQC-Ⅰ系统立即退出运行。本章重点研究负载侧发生短路故障、电网侧电压小范围波动下的电能质量调节问题。

5.2 多功能电压质量控制器-Ⅰ优化运行策略

5.2.1 限流控制策略

MF-SVQC-Ⅰ系统的限流控制策略主要包括故障电流检测方法、反并联晶闸管支路控制方法，如下所述。

1. 故障电流检测方法

当负载侧发生短路故障时，MF-SVQC-Ⅰ系统检测模块判断线路电流瞬时值及其变化率超过故障电流的限定值后，延时待故障相功率单元彻底关断后，再触发导通反并联晶闸管支路，故障相的输出滤波电感并联在串联变压器二次侧，两者等效阻抗串联在线路中进行限流，此时故障电流大小可由式(5.4)计算得出。故障电流判断的检测方法包括两方面，如图5.4所示：判断条件1是指，在单位检测时间Δt内，故障电流与正常电流的变化率分别为Δi_l^F、Δi_l（l表示线路），在故障情况下，检测故障电流变化率大于正常电流变化率情况；判断条件2是指，在故障情况下，检测电流瞬时值大于故障阈值i_{re}[4]。

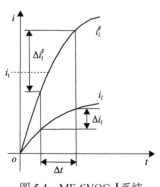

图5.4 MF-SVQC-Ⅰ系统故障电流检测方法图

此外，为防止诸如潮流变化现象引起的电流突增，导致故障电流检测误动作，以及非金属性接地导致故障点电压不为0等情况出现，本节提出连续检测交流系统负载电流、串联变压器二次侧电压的瞬时值均大于故障动作阈值时，才能判断负载侧发生短路故障[4]。如图5.4所示。

2. 反并联晶闸管支路控制方法

本节所提MF-SVQC-Ⅰ系统主要应用于10kV配电网，而通常情况下此等级电网在我国采用中性点不接地方式，因此，提出的MF-SVQC-Ⅰ系统反并联晶闸管支路控制策略如图 5.5 所示。具体措施如下[5,6]：

(1) 当负载侧处于正常运行模式时，MF-SVQC-I系统的三相反并联晶闸管支路均处于关断状态，各相逆变模块工作于电压调节模式。

(2) 当负载侧发生单相接地故障时，由于故障相电流很小，且电网规程允许带故障持续运行，MF-SVQC-I系统的非故障相仍工作在电压调节模式。

(3) 当负载侧发生两相接地短路及相间短路故障时，MF-SVQC-I系统控制模块检测到故障相的串联变压器两端电压迅速增大，负载线路电流也将迅速增大，分别控制故障相工作在限流模式，非故障相仍工作在电压调节模式。

(4) 当电网发生三相短路故障时，控制系统检测到三相交流线路电流迅速增大，且串联变压器两侧的电压突增，控制 MF-SVQC-I系统三相均工作在故障限流模式。

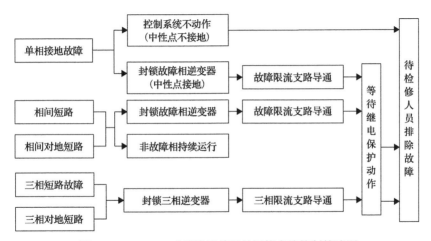

图 5.5　MF-SVQC-I系统反并联晶闸管支路控制策略图

5.2.2　优化运行技术

由于 MF-SVQC-I系统具备多种功能，各功能间切换失效或切换过程存在较大暂态冲击，可能影响 MF-SVQC-I系统的可靠运行。可见，不同电网运行状态下 MF-SVQC-I系统不同功能间的可靠切换十分重要。本节将针对电网不同运行状态下 MF-SVQC-I系统的切换问题展开深入研究，细致分析其电能质量调节功能与故障限流功能的暂态切换过程，并提出一种适用于 MF-SVQC-I系统不同运行模式的优化控制方法；提出一种通过改变反并联晶闸管触发角大小与串联变压器变比配合的故障电流调节方法，并给出反并联晶闸管触发角大小、串联变压器变比、滤波电感大小三者的关系；分析了 MF-SVQC-I系统直流侧电压泵升问题特征，提出基于压敏电阻的直流侧电压泵升抑制技术。

1. MF-SVQC-I系统不同运行模式间切换分析

由前述分析可知，当负载侧未发生短路故障时，MF-SVQC-I系统运行在电能质量调节模式，能够治理负载谐波及电源侧电压波动；当负载侧发生短路故障时，MF-SVQC-I系统能够迅速检测短路故障，从电能质量调节模式切换至故障限流模式；当负载侧短路故障消失时，MF-SVQC-I系统能够从故障限流模式切换回电能质量调节模式[7]。为方便以下阐述，作出如下定义：

定义1：MF-SVQC-I系统模式正切换是指，当检测到电网负载侧发生短路故障后，MF-SVQC-I系统从电能质量调节模式切换至故障限流模式的暂态过程。

定义2：MF-SVQC-I系统模式反切换是指，当检测到电网负载侧短路故障消失后，MF-SVQC-I系统从故障限流模式切换至电能质量调节模式的暂态过程。

因此，以下将MF-SVQC-I系统模式正切换、模式反切换分析称为MF-SVQC-I系统的不同运行模式间的切换分析。

为保证理论分析能够为系统参数设计、器件选型等提供有益参考，以下内容考虑了MF-SVQC-I系统的控制模块故障检测时间、器件动作时间及其他外部因素对系统切换的影响，实际分析过程中增大了系统动作时间尺度，以方便理论分析、仿真及实验三者的对比；同时，假设MF-SVQC-I系统模式正切换、模式反切换持续时间很短，用户侧负载维持不变。

1）模式正切换分析及影响

（1）模式正切换分析。

MF-SVQC-I系统模式正切换是为了确保负载侧发生短路故障后，串联变流器迅速与线路中大电流隔离，导通反并联晶闸管支路，将滤波电感通过串联变压器串联耦合至配电线路，通过增大线路等效阻抗，将故障电流 i_{fault} 限制至合理范围，并尽可能达到减轻甚至消除故障电流对系统中其他串联设备危害的目的。切换过程中涉及串联变流器退出、反并联晶闸管支路投入等设备运行状态的改变，因此MF-SVQC-I系统模式正切换过程中的故障电流变化时序如图5.6所示。

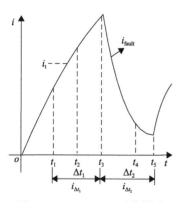

图 5.6　MF-SVQC-I系统模式
正切换下线路电流变化趋势图

如图 5.6 所示，t_1 时刻负载侧发生短路故障，线路故障电流 i_{fault} 增大。一旦故障电流幅值超过故障设定阈值 i_t，MF-SVQC-I系统的控制模块判断负载侧发生短路故障，同时，在 t_2 时刻立即发出指令控制故障相逆变模块各功率单元的 IGBT 关断；由于实际中 IGBT 是非理想器件，受材质、温度、电流、直流侧电压以及 IGBT 自身死区时间大小影响，在 t_3 时刻 IGBT 完全关断；为确保 IGBT 关断可靠性，控制模块在 t_4 时刻才发出晶闸管导通信号；反并联晶闸管支路最终在 t_5 时刻导通，此时，MF-SVQC-I 系统模式正切换过程完成。切换过程的数学模型分析如下所述。

在时间段 Δt_1 内，短路故障电流 i_{fault} 主要取决于系统阻抗 Z_S、串联变压器一次侧的等效阻抗 Z_σ，因此，有

$$i_{\Delta t_1}(t) = \frac{u_{\Delta t_1}(t)}{\left| Z_S + Z_\sigma \right|} \tag{5.5}$$

由图 5.6 可知，$i_{\Delta t_1}$ 幅值在 Δt_1 时间内将持续增大，因此，串联逆变模块应当具备一定承受故障电流冲击能力，但此过程务必越短越好。

在时间段 Δt_2 内，MF-SVQC-I 系统串联部分的等效电路如图 5.7 所示，包括电源 U_S、串联变压器及滤波电容 C_f。考虑串联变压器一二次侧漏感 $L_{\sigma 1}$ 和 $L_{\sigma 2}$ 及其一二次侧绕组电阻 $R_{\sigma 1}$ 和 $R_{\sigma 2}$ 相对较小，可忽略不计；通常，滤波电容取值较小，其基波容抗很大，流过该支路的电流较小。假设负载侧发生金属性接地故障，且故障点位于线路首段，此时，施加在串联变压器两端的电压近似为系统电压，则有

$$i_{\Delta t_2}(t) = \frac{u_{\Delta t_2}(t)}{\left| Z_m \right| / / \left| 1 / (j\omega C_f) \right|} \tag{5.6}$$

式中，ω 为角频率。

本节假设串联变压器未发生励磁饱和现象，则励磁阻抗 Z_m 值较大[8]，同时，$1/(j\omega C_f)$ 等效值较大，进而导致 $i_{\Delta t_2}$ 计算值较小。

当反并联晶闸管支路完全导通后，故障电流 i_{fault} 主要由限流阻抗 Z_{lim} 决定，如式(5.4)所示。对比式(5.4)与式(5.6)可知，i_{fault} 大于 $i_{\Delta t_2}$。

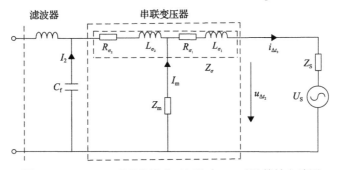

图 5.7　MF-SVQC-I 系统模式正切换中 Δt_2 时段等效电路图

I_2 为滤波电容电流；I_m 为励磁电流

(2)模式正切换影响。

如上小节分析可知，MF-SVQC-I 系统模式正切换过程中，不同运行时间段内

故障电流大小不同，其对系统中各设备造成的影响也不同，主要表现如下：

在 Δt_1 时间段内，在反并联晶闸管支路导通前，快速增大的故障电流通过串联变压器，仍会流过功率器件，实际过程中应尽量缩短此过程。由于 Δt_1 主要取决于故障检测时间、器件反应时间等，而受器件自身动作固有时间限制，Δt_1 的时间缩短仅能通过提高控制模块的故障检测速度实现，因此难度较大。

在 Δt_2 时间段内，由于 t_3 时刻 IGBT 模块完全关断，MF-SVQC-I 系统的故障相串联变流器与短路故障大电流已隔离。此时，串联变压器励磁阻抗 Z_m 和滤波电容 C_f 的共同作用使线路故障电流变得过小，已无法确保线路过流保护动作，应考虑将反并联晶闸管支路导通，通过滤波电感 L_f 配合串联变压器对较小的电流进行调节。t_5 时刻后，故障电流限制的调节技术如下节所述。此外，整个切换过程中，MF-SVQC-I 系统的故障相并联部分能够维持直流侧电压稳定，保证故障后电能质量调节功能迅速恢复。

2）模式反切换分析及影响

（1）模式反切换分析。

模式反切换是为了确保负载侧短路故障消除后，限流模块正常退出，恢复MF-SVQC-I 系统的电压调节功能。切换过程中涉及反并联晶闸管支路退出、串联变流器模块中 IGBT 再次触发等设备运行状态的改变，因此以下给出 MF-SVQC-I 系统模式反切换过程中的故障电流变化时序，如图 5.8 所示。其中，t_6 时刻负载侧短路故障消失；一旦负载侧电流有效值小于继电保护故障消失设定值 i_{re} 时，MF-SVQC-I 系统控制模块判断短路故障消失。考虑控制系统检测判断所需时间，在 t_7 时刻移除反并联晶闸管触发脉冲；由于晶闸管阳极电流在衰减时可能存在过渡过程，因此 t_8 时刻晶闸管支路才能完全关断，恢复故障相逆变模块中 IGBT 触发脉冲；在 t_9 时刻故障相串联变流器恢复正常运行，模式反切换最终完成。切换过程的数学模型分析如下。

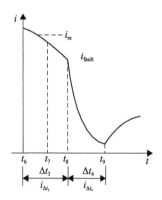

图 5.8　MF-SVQC-I 系统模式反切换下线路电流变化趋势图

在时间段 Δt_3 内，由于负载侧短路故障已经消除，MF-SVQC-I 系统模式反切换中 Δt_3 时段的等效电路如图 5.9 所示，包含电源、滤波电感、滤波电容、串联变压器、负载阻抗等。施加在串联变压器两端的电压为

$$u_{\Delta t_3} = u_S - u_{Load} \tag{5.7}$$

式中，u_{Load} 为负载电压。

同样，忽略串联变压器漏感及其绕组电阻影响，则

$$i_{\Delta t_3}(t) = \frac{u_{\Delta t_3}(t)}{\left| Z_{\mathrm{m}} \mathbin{/\!/} [1 \mathbin{/} (\mathrm{j}\omega C_{\mathrm{f}})] \mathbin{/\!/} (\mathrm{j}\omega L_{\mathrm{f}}) \right| + Z_{\mathrm{Load}}} \tag{5.8}$$

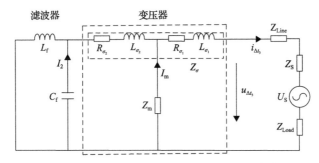

图 5.9　MF-SVQC-I 系统模式反切换中 Δt_3 时段等效电路图

对比式 (5.6) 与式 (5.8) 可知，$i_{\Delta t_3}$ 略小于故障限流期间的 $i_{\Delta t_2}$。

在 Δt_4 时间段内，反并联晶闸管支路已关断，而串联变流器模块的 IGBT 尚未触发，模式反切换中等效电路结构如图 5.10 所示，包含电源、滤波电容、串联变压器、负载阻抗等。采用电路理论中阻抗分压原理，得出施加在串联变压器两端的电压 $u_{\Delta t_4}$ 小于 U_{S}，故线路电流为

$$i_{\Delta t_4}(t) = \frac{u_{\Delta t_4}(t)}{\left| Z_{\mathrm{m}} \mathbin{/\!/} [1 \mathbin{/} (\mathrm{j}\omega C_{\mathrm{f}})] \right| + Z_{\mathrm{Load}}} \tag{5.9}$$

对比式 (5.8) 与式 (5.9) 可知，$i_{\Delta t_4}$ 明显小于 $i_{\Delta t_3}$。同模式正切换过程相似，其对滤波电容耐压值的设计要求较高。

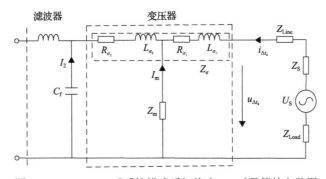

图 5.10　MF-SVQC-I 系统模式反切换中 Δt_4 时段等效电路图

当故障相串联变流器恢复运行后，故障电流恢复至正常值，串联变压器两侧电压仅为其等效至一次侧等效阻抗压降，近似为 0。

(2) 模式反切换影响。

由上节分析可知，MF-SVQC-I系统模式反切换过程中，时间段 Δt_3 与时间段 Δt_4 的故障电流大小不同。影响主要表现如下：

在 Δt_3 时间段内，尽管负载侧短路故障已消失，但限流阻抗并未立即退出运行，此时，由于限流模块、负载阻抗共同作用，故障电流略小于限流期间。

在 Δt_4 时间段内，由式 (5.9) 可知，依旧存在一个电流较小阶段。为了缩短故障恢复时间，应当尽量缩短 Δt_4 时间段。t_9 时刻后，系统恢复至正常运行模式。在 MF-SVQC-I系统模式反切换过程中，各时间段长短主要取决于系统检测及器件动作时间。考虑到电力电子器件具有快速性，暂态过程对电力系统正常运行的影响可忽略不计。

2. MF-SVQC-I系统对故障电流的主动调节技术

上小节分析了 MF-SVQC-I系统的暂态切换过程及其影响，本节将重点展开对 MF-SVQC-I系统在限流支路投入期间 (即时刻 t_5 至时刻 t_6 期间) 的电流调节技术研究。如上分析，MF-SVQC-I系统在时刻 t_5 后，串联变压器二次侧可看作由反并联晶闸管串联滤波电感组成，如图 5.11 所示，其中，u_{T2} 为串联变压器二次侧电压；i_{T2} 为串联变压器二次侧电流；i_{cf} 为滤波电容电流。因此，可通过控制反并联晶闸管的触发相位角，实现调整每个周期内滤波电感 L_f 串联接入系统的时间长短，即将限流支路看作等效可调电感 L_{eq} 支路。

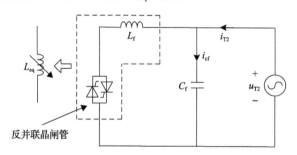

图 5.11　MF-SVQC-I系统的限流模块等效电路图

1) 触发相位分析

若 MF-SVQC-I系统运行在故障限流模式下的串联变压器二次侧电压近似为 V_S/k ，则

$$L_f di_{T2}/dt = u_{T2} \approx V_S/k \tag{5.10}$$

式中，u_{T2}、i_{T2} 分别为滤波电感两端电压及流过的电流。

若 u_{T2} 处于正半波，晶闸管在 $\omega t = \alpha$ (其中，α 为触发相位，此处 $\alpha \in [0,\pi]$) 时

刻正向导通，电流 i_{T2} 逐渐增大，在 $\omega t = \pi$（u_{T2} 正向过零）时刻，i_{T2} 达到峰值。根据对称性，晶闸管关断时刻为 $\omega t = 2\pi - \alpha$；若 u_{T2} 处于负半波，另一个晶闸管在 $\omega t = \pi + \alpha$ 时刻导通，关断时刻为 $\omega t = 3\pi - \alpha$。

如图 5.12 所示，晶闸管关断相位 $2\pi - \alpha$ 与另一个晶闸管触发脉冲相位 $\pi + \alpha$ 之间的关系，对于故障期间线路电流的基波有效值影响十分重要。具体分析如下：

（1）当 $\alpha > \dfrac{\pi}{2}$ 时，如图 5.12（a）所示，即 $\alpha \in (\pi/2, \pi]$。若已导通晶闸管的电流过零时刻早于未导通晶闸管触发脉冲时刻，电流为断续。可知，若触发相位 α 从 $\pi/2$ 持续增大，导通角 β（即 $\beta = \pi - \alpha$）从 $\pi/2$ 下降，在一个周期内电流将发生断续；若触发相位 $\alpha = \pi$ 时，晶闸管的导通区间宽度为零，两个晶闸管在任何时刻均处于截止状态，相当于限流模块的电抗器退出运行。

（2）当 $\alpha = \dfrac{\pi}{2}$ 时，如图 5.12（b）所示，即 $\alpha = \pi/2$。当已导通晶闸管关断时另一个晶闸管瞬时开通，此时电流连续。分析可知，此情况等效于滤波电感通过串联变压器串联接入输电线路，$L_{eq} = L_f$。

（3）当 $\alpha < \dfrac{\pi}{2}$ 时，如图 5.12（c）所示，即 $\alpha \in [0, \pi/2)$。若已导通晶闸管电流过零时刻晚于未导通晶闸管触发脉冲时刻，未导通晶闸管的阀电压为零，不再触发

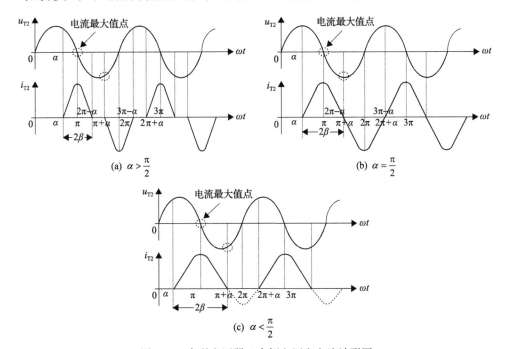

图 5.12　串联变压器二次侧电压和电流波形图

导通，两个晶闸管中总有一个在任何时刻都是截止状态[9, 10]。此情况下，将导致滤波电感电流中主要分量为直流分量，易造成串联变压器饱和，不属于故障电流的调节范围，应当尽量避免。

2）限流调节范围

若晶闸管的触发延迟角为 α，由上分析可知，$\alpha \in [0, \pi/2]$，更一般地，则触发时刻为

$$\omega t = \alpha + n\pi, \qquad n = 0, 1, 2, \cdots \tag{5.11}$$

在反并联晶闸管导通期间，忽略滤波电感内阻影响，则电感电流满足方程：

$$L_\mathrm{f} \cdot \frac{\mathrm{d}i_\mathrm{T2}}{\mathrm{d}t} = u_\mathrm{T2} \sin \omega t \tag{5.12}$$

求解 i_T2 的基波电流瞬时值，便可知故障电流变化情况。

反并联晶闸管导通后，滤波电感上流过的电流通解为

$$i_\mathrm{T2} = A - \frac{u_\mathrm{T2}}{\omega L_\mathrm{f}} \cos \omega t \tag{5.13}$$

式中，A 为积分常数。在初始零时刻，受串联变压器励磁阻抗和滤波电容的基波阻抗影响，在双向晶闸管支路触发时刻滤波电感上的电流很小，为简化运算，近似认为其为零，则

$$i_\mathrm{T2(0)} = A - \frac{u_\mathrm{T2}}{\omega L_\mathrm{f}} \cos(\alpha + n\pi) \approx 0 \tag{5.14}$$

求解 A 后，代入式(5.13)，可得到流过滤波电感的电流为

$$i_\mathrm{T2} = \frac{u_\mathrm{T2}}{\omega L_\mathrm{f}} [\cos(\alpha + n\pi) - \cos \omega t] \tag{5.15}$$

对式(5.15)构成的一个周期进行傅里叶分解有

$$i_\mathrm{T2} = A_0 + \sum_{k=1}^{\infty} (A_k \cos k\omega t + B_k \sin k\omega t), \qquad k = 0, 1, 2, \cdots \tag{5.16}$$

且有

$$A_0 = \frac{1}{2\pi} \int_{t_0}^{t_0 + 2\pi} i_\mathrm{T2} \mathrm{d}\omega t \tag{5.17}$$

$$A_k = \frac{1}{\pi} \int_{t_0}^{t_0 + 2\pi} i_\mathrm{T2} \cos(k\omega t) \mathrm{d}\omega t \tag{5.18}$$

$$B_k = \frac{1}{\pi} \int_{t_0}^{t_0+2\pi} i_{T2} \sin(k\omega t)\mathrm{d}\omega t \tag{5.19}$$

结合式(5.15)和式(5.16)，对基波进行傅里叶分解有

$$\begin{cases} A_1 = \dfrac{1}{\pi} \int_{\alpha}^{2\pi-\alpha} \dfrac{u_{T2}}{\omega L_f}(\cos\alpha - \cos\theta)\cos\theta\,\mathrm{d}\theta \\ \qquad + \dfrac{1}{\pi} \int_{\pi+\alpha}^{3\pi-\alpha} \dfrac{u_{T2}}{\omega L_f}[\cos(\alpha+\pi) - \cos\theta]\cos\theta\,\mathrm{d}\theta \\ B_1 = \dfrac{1}{\pi} \int_{\alpha}^{2\pi-\alpha} \dfrac{u_{T2}}{\omega L_f}(\cos\alpha - \cos\theta)\sin\theta\,\mathrm{d}\theta \\ \qquad + \dfrac{1}{\pi} \int_{\pi+\alpha}^{3\pi-\alpha} \dfrac{u_{T2}}{\omega L_f}[\cos(\alpha+\pi) - \cos\theta]\sin\theta\,\mathrm{d}\theta \end{cases} \tag{5.20}$$

式中，$\theta = \omega t$。

由式(5.17)~式(5.20)可得

$$\begin{cases} A_1 = u_{T2} \cdot \left[2(\alpha - \pi) - \sin 2\alpha\right] / (\pi\omega L_f) \\ B_1 = 0 \end{cases} \tag{5.21}$$

进而得到基波电流的瞬时值为

$$i_{T2} = A_1 \cos\omega t = \frac{V_m}{\pi\omega L_f}(2\beta - \sin 2\beta)\sin(\omega t - \pi/2) \tag{5.22}$$

因此，滤波电感的基波等值阻抗为

$$Z_{Leq}(\beta) = \frac{u_{T2}\sin\omega t}{i_{T2}} = \frac{\pi\omega L_f}{2\beta - \sin 2\beta}, \qquad \beta \in [0, \pi/2] \tag{5.23}$$

若考虑滤波电容 C_f 的影响，则串联变压器二次侧的等效阻抗 Z_{T2} 为

$$Z_{T2} = \frac{Z_{Cf} \cdot Z_{Leq}(\beta)}{Z_{Leq}(\beta) + Z_{Cf}} = \frac{\pi\omega L_f}{2\beta - \pi\omega^2 L_f C_f - \sin 2\beta} \tag{5.24}$$

式中，Z_{Cf} 为滤波电容的等效阻抗。

因此，Z_{T2} 通过串联变压器串联耦合至输电线路的等效限流阻抗 Z_{lim} 为

$$Z_{lim}(\beta) = \frac{k^2\pi\omega L_f}{2\beta - \pi\omega^2 L_f C_f - \sin 2\beta} \tag{5.25}$$

若忽略滤波电容 C_f 的影响，则

$$Z_{lim}(\beta) = \frac{k^2\pi\omega L_f}{2\beta - \sin 2\beta} \tag{5.26}$$

将 $\beta = \pi - \alpha$ 代入式(5.26)，有

$$Z_{\text{lim}}(\alpha) = \frac{k^2 \pi \omega L_{\text{f}}}{2(\pi - \alpha) + \sin 2\alpha} \tag{5.27}$$

特殊地，当 $\alpha = \pi/2$ 时，$Z_{\text{lim}}(\pi/2)$ 的大小如式(5.27)所示；当 $\alpha = \pi$ 时，可看作反并联晶闸管所接滤波电感支路开路，$Z_{\text{lim}}(\pi)$ 的大小可看作串联变压器励磁阻抗与滤波电容基波阻抗的并联，如式(5.27)所示，其为一个较大值。

但为了保证电网中原有过流保护能够正确动作，假设继电保护整定值为额定电流的 m 倍，有 α 满足如下关系：

$$Z_{\text{lim}}(\alpha) = \frac{k^2 \pi \omega L_{\text{f}}}{2(\pi - \alpha) + \sin 2\alpha} \tag{5.28}$$

化简可得

$$\sin 2\alpha - 2\alpha \leqslant 2\pi - \frac{m \cdot I_{\text{L}} \cdot k^2 \pi \omega L_{\text{f}}}{u_{\text{S}}} \tag{5.29}$$

由式(5.17)和式(5.19)可知，当滤波电感 L_{f} 选值确定后，Z_{lim} 仅随晶闸管的触发相位、串联变压器一二次侧电压变比 k 的变化而变化，三者变化的关系如图5.13所示。其中，当反并联晶闸管触发相位大小确定时，随着串联变压器变比的逐渐增大，限流阻抗 Z_{lim} 也增大，如图5.13中趋势1所示；当串联变压器变比 k 确定时，随着反并联晶闸管触发相位 α 的逐渐增大，限流阻抗 Z_{lim} 也随之增大，如图5.13中趋势2所示。因此，通过合理配置晶闸管触发相位与串联变压器变比大小，能够得到期望限流阻抗值，进而实现对故障电流大小的调节。

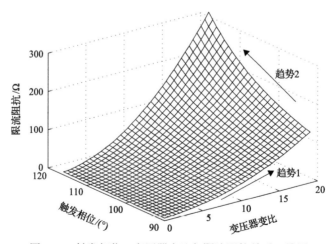

图5.13 触发相位、变压器变比与限流阻抗关系三维图

5.3　仿真及实验分析

5.3.1　仿真分析

仿真系统如图 5.1 所示，电网电压为 10kV，串联变压器一二次侧绕组匝数比为 4∶1，并联变压器一次绕组与二次各分绕组的变比为 25∶1，仿真参数如表 5.1 所示，对 MF-SVQC-Ⅰ系统不同运行模式的正切换、反切换及故障限流调节能力进行仿真验证。为了便于观测切换的暂态过程信息，相关分析如下。

表 5.1　MF-SVQC-Ⅰ系统仿真参数

参数名称	参数值
电网等效阻抗 Z_S	0.01Ω
整流侧滤波电感 $L_{a(b,c)}$	1.5mH
逆变侧输出滤波电感 $C_{f(a,b,c)}$	1.5mH
逆变侧输出滤波电容 $L_{f(a,b,c)}$	27μF
各功率模块的直流侧电容 $C_{dca(b,c)}$	15000μF
输电线路阻抗 Z_{line}	0.340Ω

1. 模式正切换仿真

若电网负载侧在 0.10s 发生三相瞬时短路故障，负载电压下降至零，同时，负载电流急剧增大，MF-SVQC-Ⅰ系统迅速切换到故障限流模式，在故障电流达到第一个周波峰值前，能够将短路电流限制在期望水平。模式正切换过程仿真波形如图 5.14 所示。

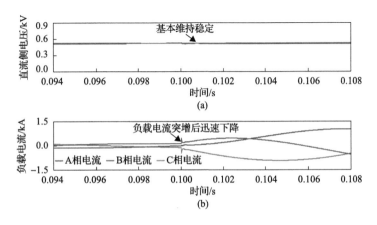

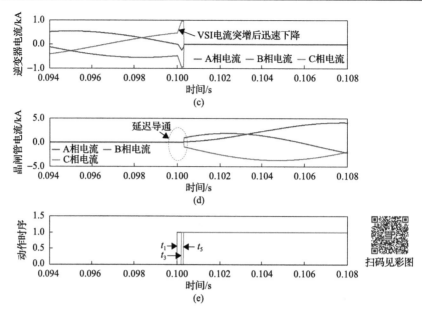

图 5.14　MF-SVQC-Ⅰ系统模式正切换暂态过程仿真

　　考虑到 MF-SVQC-Ⅰ系统检测模块判断故障发生及 IGBT 关断本身所需时间影响，在 IGBT 退出运行之前，大的故障电流仍会通过串联变压器耦合至二次侧。仿真中假设在故障发生延迟后的 t_3 时刻 IGBT 才断开，可见在 $t_1 \sim t_3$，图 5.14(b) 负载电流及图 5.14(c) 中逆变器输出电流存在突增现象；为确保 IGBT 可靠断开，假设延迟发送信号使得反并联晶闸管在 t_5 时刻完全导通，因此，在 $t_3 \sim t_5$，系统相当于串联变压器并联滤波电容运行，由式(5.6) 可知，此期间系统故障电流大小主要取决于串联变压器漏抗、励磁阻抗、电容阻抗大小，其值迅速下降，在图 5.14(b)、图 5.14(c) 中，逆变器和负载电流均存在明显下降过程；当反并联晶闸管导通后，MF-SVQC-Ⅰ系统切换至限流模式，被限制后的故障电流大小主要取决于等效限流阻抗大小。

　　此外，由图 5.14(a) 可知，MF-SVQC-Ⅰ系统正切换过程中直流侧电压基本维持稳定。仿真表明模式正切换能够在 1ms 内完成，等待电网过流保护装置动作以切除故障。仿真结果证明 MF-SVQC-Ⅰ系统模式正切换理论分析中各观测量变化趋势正确。

　　2. 模式反切换仿真

　　若电网负载侧三相短路故障为瞬时故障，其持续 0.10s 后，在 0.25s 故障消失。当短路故障消失后，负载侧电压、负载电流能够恢复至正常值附近，MF-SVQC-Ⅰ系统需要迅速切换到电能质量调节模式，补偿电网侧电压波动。模式反切换过程仿真波形如图 5.15 所示。

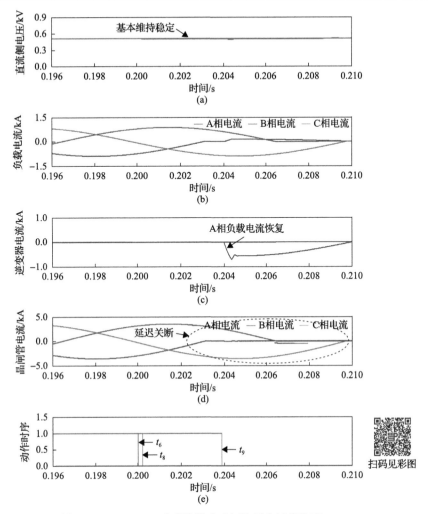

图 5.15　MF-SVQC-I系统模式反切换暂态过程仿真

　　考虑到 MF-SVQC-I 系统检测模块判断故障消失所需时间影响，仿真中假设在 t_8 时刻发送反并联晶闸管关断信号，由于晶闸管为半控型器件，需要在电流降至接近于 0 的某一数值以下才能完全关断，由图 5.15(d)明显可见。因此，t_6 时刻至反并联晶闸管完全关断之前，限流阻抗仍然串联在输电线路中，此时间段内线路电流可由式(5.8)得知，其值逐渐变小。考虑到晶闸管完全关断及 IGBT 导通所需时间影响，以 A 相为例，假设在 t_9 时刻 IGBT 完全导通，在晶闸管完全关断至IGBT 导通之前的时间段，串联变压器二次侧只接滤波电容运行，故线路电流的幅值很小。当三相 IGBT 完全导通后，MF-SVQC-I 系统恢复至正常运行。可见，MF-SVQC-I系统模式反切换理论分析中各观测量变化趋势正确。

3. 故障电流主动调节仿真

如图 5.16 所示，若电网负载侧在 0.10s 发生三相短路故障后，MF-SVQC-I 系统立即进入限流模式，其模式切换过程类似上述仿真。为验证本节所提故障电流调节技术的有效性，假设 MF-SVQC-I 系统进入限流模式后，晶闸管的触发相位为 $\alpha = \pi/2$，线路电流连续，此时滤波电感通过串联变压器串入输电线路，限流阻抗大小可由式 (5.27) 求得为 $Z_{\lim}(\pi/2)$，故障电流波形如图 5.16 (c) 限流区间 1 所示；为了进一步限制故障电流的幅值，调整晶闸管的触发相位为 $\alpha = 5\pi/9$，可得限流阻抗为 $Z_{\lim}(5\pi/9) = 1.282Z_{\lim}(\pi/2)$，约增大了 28.2%，故障电流能够被进一步限制，如图 5.16 (c) 中限流区间 2 所示；整个限流调控过程中，负载侧电压持续为 0，串联变压器两端持续承载系统侧电压，直流侧电压能够维持稳定，如图 5.16 (d) 所示。

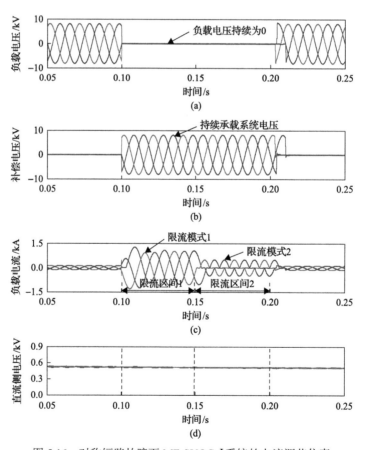

图 5.16　对称短路故障下 MF-SVQC-I 系统的电流调节仿真

如图 5.17 所示，若电网负载侧在 0.10s 发生两相短路故障，故障相负载侧电压迅速降为 0，非故障相负载侧电压基本不变，此时，MF-SVQC-I 系统的故障相立即进入限流模式。在限流区间 1 内，故障相晶闸管的触发相位为 $\alpha = \pi/2$，线路电流连续，故障相滤波电感通过串联变压器串入输电线路，而非故障相晶闸管支路不导通；在限流区间 2 内，故障相晶闸管的触发相位为 $\alpha = 5\pi/9$，线路电流不连续，故障相电流幅值减小，非故障相电流正常；整个过程中，直流侧电压基本维持稳定，因此，MF-SVQC-I 系统能够实现分相控制调节故障电流大小。

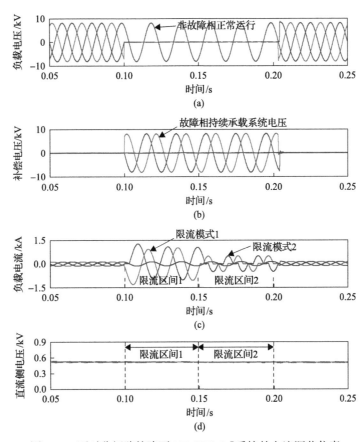

图 5.17　不对称短路故障下 MF-SVQC-I 系统的电流调节仿真

5.3.2　实验分析

为进一步验证本节提出的 MF-SVQC-I 系统不同运行模式间切换分析的正确性，考虑到实验室模拟短路故障电流较小，因此取反并联晶闸管的触发相位 $\alpha = \pi/2$，不再采取进一步的限制措施，下面详细分析 MF-SVQC-I 系统模式正切换、模式反切换的实验过程。

1. 模式正切换实验

如图 5.18 所示，在 t_1 时刻负载侧模拟短路故障发生，控制系统检测到短路故障发生后，立即封锁 IGBT 触发脉冲，在 $t_1 \sim t_5$ 时间段内，负载电流先瞬时增大，再变小，与仿真图 5.14 一致。此期间，晶闸管两端开始承受经串联变压器耦合到二次侧的电压，由于串联变压器励磁阻抗远远大于负载阻抗，因此负载电流在 $t_3 \sim t_5$ 时间段内很小。t_5 时刻后晶闸管完全导通，逆变器输出电压为 0，由于串联变压器一二次侧绕组匝数比为 2∶1，因此晶闸管支路电流为负载电流的 2 倍，MF-SVQC-I 系统能够实现抑制短路电流作用。在 MF-SVQC-I 系统模式正切换过程中，直流侧电压基本维持稳定，与仿真图 5.14 完全一致。

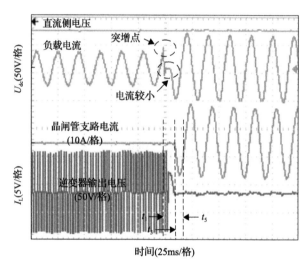

图 5.18　MF-SVQC-I 样机模式正切换实验图

理论上，未采取任何电流限制措施下的负载电流有效值约为 5A；由于在限流模式下 MF-SVQC-I 系统等效到一次侧的阻抗约为 1.884Ω，因此，进行限流后的故障电流大小为 4.2073A，其与实验结果相同。该实验证明了 MF-SVQC-I 系统在正切换过程中的主要观测量变化趋势与仿真结果相同，理论分析正确有效。

2. 模式反切换实验

如图 5.19 所示，t_6 时刻模拟负载侧短路故障消除，检测到短路消除后立即去除反并联晶闸管导通信号，由于其需要在电流降至接近于 0 的某一数值下才能完全关断，因此，t_8 时刻后晶闸管支路电流才到 0。

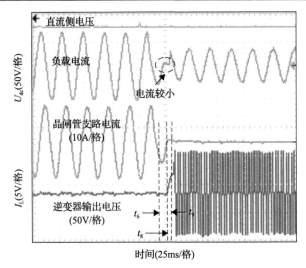

图 5.19　MF-SVQC-I样机模式反切换实验图

待反并联晶闸管完全关断后，由于串联变压器励磁阻抗远远大于负载阻抗，负载电流在 $t_8 \sim t_9$ 很小，与图 5.15 变化趋势一致。t_9 时刻后 IGBT 导通，MF-SVQC-I系统重新进入电能质量调节模式，逆变器输出电压为高频形式。同时，负载电流恢复至正常值，且在反切换过程中直流侧电压几乎保持不变。该实验证明了 MF-SVQC-I系统在反切换过程中的主要观测量变化趋势与仿真结果相同，理论分析正确有效。

5.4　本 章 小 结

本章首先提出了一种基于交流侧滤波电感复用的串联型电压质量控制器拓扑构建方法，建立了 MF-SVQC-I系统的综合数学模型，以及电网不同运行状态下 MF-SVQC-I电能质量调节功能、故障限流功能数学模型，有助于 MF-SVQC-I系统机理的深入理解；其次，解析了 MF-SVQC-I系统模式正切换和模式反切换的暂态机理及影响；最后，提出了 MF-SVQC-I系统的故障电流主动控制策略，不仅满足电网短路故障的快速检测识别要求，还能够保证不同故障类型下限流功能的正确实现。

参 考 文 献

[1] Bingsen W, Venkataramanan G, Illindala M. Operation and control of a dynamic voltage restorer using transformer coupled H-bridge converters[J]. IEEE Transactions on Power Electronics, 2006, 21 (4): 1053-1061.

[2] 姚鹏. 新型多功能固态限流器的机理分析与控制技术研究[D]. 长沙: 湖南大学, 2014.

[3] Jiang F, Tu C M, Guo Q. Dual-Functional Dynamic Voltage Restorer to Limit Fault Current[J]. IEEE Transations on Industrial Electronics, 2019, 66 (7): 5300-5309.

[4] Shuai Z K, Yao P, Shen Z J, et al. Design consideration of a fault current limiting dynamic voltage restorer (FCL-SVQC) [J]. IEEE Transactions on Smart Grid, 2015, 6 (1): 14-25.

[5] 姜飞, 涂春鸣, 杨健, 等. 适用于主动配电网的多功能串联补偿器研究[J]. 电工技术学报, 2015, 30 (23): 58-66.

[6] 帅智康, 姚鹏, 涂春鸣, 等. 一种新型多功能电力电子限流器的工作机理及仿真分析[J]. 电力系统自动化, 2014, 38 (23): 85-90.

[7] Jiang F, Tu C M, Shuai Z K, et al. Multilevel cascaded-type dynamic voltage restorer with fault current limiting function[J]. IEEE Transactions on Power Delivery, 2016, 31 (3): 1261-1269.

[8] 巫付专, 侯婷婷, 韩梁, 等. 基于 LCL 滤波器 SVQC 补偿变压器漏抗的确定[J]. 电力系统保护与控制, 2013, 41 (19): 126-131.

[9] 王锡凡, 方万良, 杜正春. 现代电力系统分析[M]. 北京: 科学出版社, 2015: 204-207.

[10] 姜飞. 新型电能质量调节与故障限流复合系统关键技术研究[D]. 长沙: 湖南大学, 2016.

第6章 基于直流侧泄放支路复用的多功能串联型电压质量控制器

本章充分挖掘桥式限流器与串联电压质量控制器在拓扑上的共性，通过元器件复用，提出一种基于直流侧泄放支路复用的多功能串联型电压质量控制器，简称多功能电压质量控制器-Ⅱ（multifunctional series voltage quality controller Ⅱ，MF-SVQC-Ⅱ），其在利用滤波电感的同时，实现了储能型 SVQC 泄放支路的复用，特别适用于三相共直流母线的储能型 SVQC 结构。同时，为确保 MF-SVQC-Ⅱ在多种模式下均能有效运行与模式间的灵活切换，制定了相应的优化运行策略。

6.1 多功能电压质量控制器-Ⅱ基本原理

对 MF-SVQC-Ⅱ而言，根据电网的情况，其可工作于不同运行状态，当电网侧发生电压波动时，MF-SVQC-Ⅱ工作于电压质量调节模式；当负载侧发生短路故障时，MF-SVQC-Ⅱ通过控制与拓扑结构的切换，实现故障限流。下面将对故障限流模式的运行机理进行详细分析，并对 MF-SVQC-Ⅰ 和 MF-SVQC-Ⅱ的性能以及应用场合进行归纳与对比。

6.1.1 MF-SVQC-Ⅱ的工作原理与等效模型

MF-SVQC-Ⅱ是通过桥式限流器和 SVQC 融合而成，主要由串联部分、泄放支路及直流母线开关组成，具体如图 6.1 所示。考虑到这种方案是通过断开直流母线后实现 SVQC 向桥式限流器的转变，分析可知 MF-SVQC-Ⅱ应用于三相共直流母线的储能型 SVQC 时，由于只需一组双向晶闸管即可实现三相故障限流，在结构上比 MF-SVQC-Ⅰ更加简单，元部件利用率更高。MF-SVQC-Ⅱ应用于三相四桥臂 SVQC 中的拓扑如图 6.2 所示，其中，$U_{si(i=a,b,c)}$ 为网侧电压；$K_{i(i=a,b,c)}$ 为旁路开关；$L_{fi(i=a,b,c)}$ 和 $C_{fi(i=a,b,c)}$ 分别为滤波电感和滤波电容；C_{dc} 为直流侧电容；I_d 为泄放支路电流；I_a、I_b、I_c、I_n 为四桥臂输出电流。

1. 负载侧短路故障下等效模型

当系统检测到故障过电流超出阈值时，控制系统迅速封锁逆变器侧 IGBT 的驱动信号，关断双向可控开关管 SW，以保护直流侧储能装置。经过短暂延时后

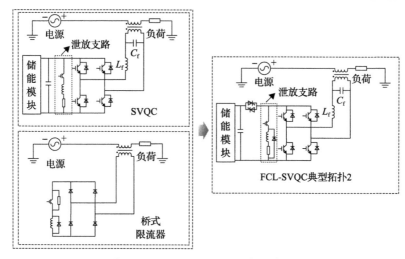

图 6.1　MF-SVQC-Ⅱ系统方案设计思想

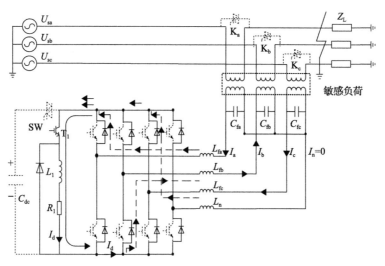

图 6.2　三相短路限流模式下系统等效电路图

导通泄放支路可控开关管 T_1，进而等效形成桥式限流器，滤波电感 L_f、限流电感 L_1 和限流电阻 R_1 串入串联变压器副边以限制短路电流及其上升率，从而将故障电流限制在合理的值。下面分别开展三相对称故障以及不对称故障下 MF-SVQC-Ⅱ 的运行机理分析。

1) 三相对称短路故障下的限流过程分析

设定系统在 t_0 时刻检测到负载侧发生三相短路接地故障，此时 MF-SVQC-Ⅱ 等效于桥式限流器，工作在限流模式。三相对称故障下桥式电路的导通模式分析如图 6.3 所示，其中，图 6.3(a) 为短路故障时变压器二次侧电压，图 6.3(b) 和 (c)

分别为故障前后各时刻二极管导通模式及流过二极管的电流。

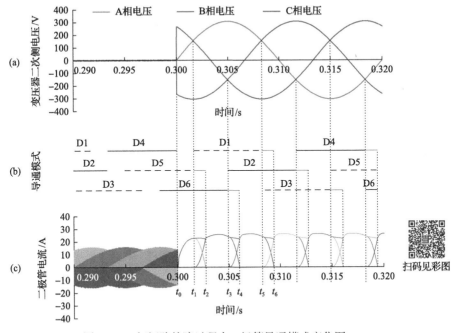

图 6.3　三相短路故障过程中二极管导通模式变化图

限流过程中，二极管的导通与否主要由两端承受的电压决定，即共阴极二极管中会导通阳极承受电压最高的二极管，共阳极二极管中会导通阴极承受电压最低的二极管。因此，在 $t_0 \sim t_1$ 期间，由于 B 相电压最低、C 相电压最高，则有 D5、D6 导通；在 $t_1 \sim t_2$ 期间，A 相电压最高、B 相电压最低，滤波电感的存在使得器件关断需要一定时间进行换流，所以 C 相二极管不能立即实现关断，故此时 D5、D6、D1 导通；在 $t_2 \sim t_3$ 期间，C 相二极管关断，由于 A 相电压最高、B 相电压最低，D6、D1 导通。其余换流过程依次类推。基于此，限流过程中二极管导通情况如图 6.4 所示。

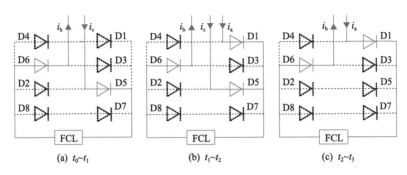

(a) $t_0 \sim t_1$ 　　　　　　(b) $t_1 \sim t_2$ 　　　　　　(c) $t_2 \sim t_3$

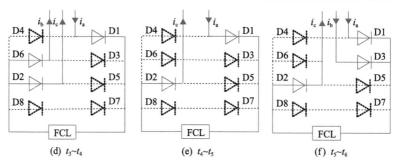

(d) $t_3\sim t_4$　　　　　　(e) $t_4\sim t_5$　　　　　　(f) $t_5\sim t_6$

图 6.4　二极管等效导通电路图

三相短路故障下 MF-SVQC-II系统中的二极管换流频率较高，使得限流后的电流谐波含量增加。在限流时段内，可采用测量阻抗修正和自适应保护等方法避免谐波引起继电保护装置的误动作[1, 2]。

2) 不对称短路故障下的限流过程分析

负载侧发生非对称短路故障时，非故障相的旁路开关会迅速动作，从而保证非故障相的正常运行。例如，当负载侧 B、C 两相发生短路故障时，A 相的旁路开关动作，A 相继续给负载供电，而 B、C 两相电流流通泄放支路，进而进行限流。此时，等效电路如图 6.5 所示。

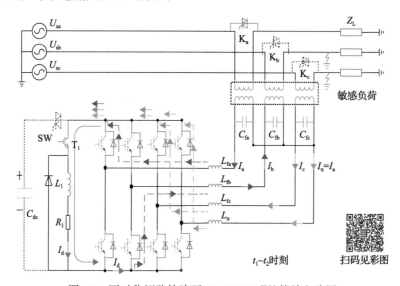

图 6.5　不对称短路故障下 MF-SVQC-II的等效电路图

两相接地故障下二极管导通模式的变化过程如图 6.6 所示。依据变压器二次侧的电压来分析电流流通情况，在 $t_0\sim t_1$ 期间，B 相电压最低、C 相电压最高，从而 D5、D6 导通；$t_1\sim t_2$ 期间，A 相和中性点电压为 0，B、C 相电压小于 0，因此，

D1、D6、D7 导通，由于滤波电感续流的原因，D5 保持导通；$t_2 \sim t_3$ 期间，C 相二极管关断，D6、D7、D1 导通；$t_3 \sim t_4$ 期间，C 相电压最低，故 D6、D7、D1、D2 导通。其他变化过程依次类推。基于此，绘制限流过程中二极管导通情况如图 6.7 所示。

由上述分析可知，负载侧短路时故障相电压通过逆变器桥臂二极管与泄放支路接通，利用泄放支路上的阻感元件将短路电流维持在安全水平。桥式电路的过电流流通情况主要由故障相电压大小决定。

2. 过电流幅值及影响分析

根据本节第 1 部分内容的分析，可得 B、C 两相短距故障限流期间各时间段

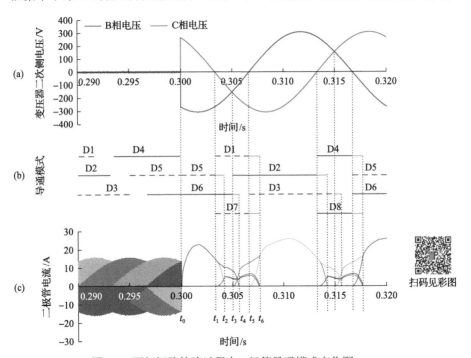

图 6.6　两相短路故障过程中二极管导通模式变化图

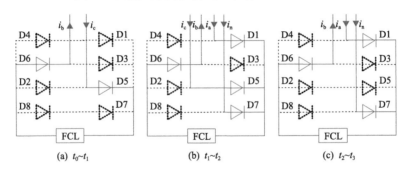

(a) $t_0 \sim t_1$ 　　　　　(b) $t_1 \sim t_2$ 　　　　　(c) $t_2 \sim t_3$

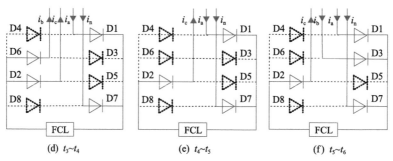

(d) $t_3{\sim}t_4$　　　　　　　　(e) $t_4{\sim}t_5$　　　　　　　　(f) $t_5{\sim}t_6$

图 6.7　二极管等效导通电路图

的电路方程，求解出各时段电流的大小，为参数设计提供参考。

在 $t_0{\sim}t_1$ 期间，D5、D6 导通，有回路电压与电流方程：

$$\begin{cases} (2L_f + L_1)\dfrac{dI_d}{dt} + R_1 I_d = U_{cb} \\ I_d = I_c = -I_b \\ I_a = 0 \end{cases} \tag{6.1}$$

式中，I_d 为限流支路上的电流；I_a、I_b、I_c 分别为流过三相滤波电感的电流；U_{cb} 为变压器二次侧 C、B 两相线电压。

求解式(6.1)微分方程组得

$$I_d = \frac{U_{cb}}{R_1} + C_0 e^{-\frac{R_1}{2L_f + L_1}t} \tag{6.2}$$

考虑初始状态 t_0 时刻限流支路上的电流为 0，得积分常数 C_0 为

$$C_0 = -\frac{U_{cb}}{R_1} \tag{6.3}$$

从式(6.2)可得在滤波电感 L_f 固定的情况下，线路电流大小主要与泄放支路的电阻 R_1、电感 L_1 有关。

在 $t_1{\sim}t_2$ 期间，B、C 两相短路，同样有回路电压与电流方程：

$$\begin{cases} L_f \dfrac{dI_a}{dt} + (L_1 + L_f)\dfrac{dI_d}{dt} + R_1 I_d = U_{ab} \\ L_f \dfrac{dI_c}{dt} + (L_1 + L_f)\dfrac{dI_d}{dt} + R_1 I_d = U_{cb} \\ I_d = -I_b \\ I_d = I_a + I_c \end{cases} \tag{6.4}$$

求解式 (6.4) 微分方程组, 解得 I_d:

$$I_d = \frac{U_{ab} + U_{cb}}{2R_1} + C_1 e^{-\frac{2R_1}{3L_f + 2L_1}t} \tag{6.5}$$

式 (6.5) 微分方程的初始状态可将 $t = t_1$ 代入式 (6.2) 来确定:

$$\frac{U_{ab} + U_{cb}}{2R_1} + C_1 e^{-\frac{2R_1}{3L_f + 2L_1}t_1} = \frac{U_{cb}}{R_1} - \frac{U_{cb}}{R_1} e^{-\frac{R_1}{2L_f + L_1}t_1} \tag{6.6}$$

进而得到积分常数 C_1:

$$C_1 = \frac{U_{cb} - U_{ab} - 2U_{cb} e^{-\frac{R_1}{2L_f + L_1}t_1}}{2R_1 e^{-\frac{2R_1}{3L_f + 2L_1}t_1}} \tag{6.7}$$

以此类推, 可以列出各个阶段电路的微分方程组, 求解方程便可以得到各时段的电流大小。

此外, 泄放支路电流和滤波电感电流一直满足以下关系:

$$I_d \geqslant \max\{I_a, I_b, I_c\} \tag{6.8}$$

考虑到滤波电容上流过的电流很小, 通过调节限流支路电流的大小便可以控制线路电流的大小。从式 (6.2) 和式 (6.5) 可以得出, 通过设计 R_1、L_1 和 L_f 的大小可以调整限制后过电流的大小。此外, 直流侧电感对电流幅值大小影响不大, 但可以限制故障瞬间的短时冲击电流大小。综上, 设计时有

$$I_{dref} = \max\{I_{d1}, I_{d2}, I_{d3}, \cdots\} \tag{6.9}$$

式中, I_{d1}、I_{d2}、I_{d3} … 表示不同时间段内泄放支路上的电流。

由于滤波电感、开关器件存在损耗, 限流支路实际承受电压小于理想情况下三相不控整流电压的峰值 U_{pp}, 在考虑一定安全裕度的情况下, 设计时可以选择:

$$\max\{I_{d1}, I_{d2}, I_{d3}, \cdots\} = \frac{U_{pp}}{R_1} \tag{6.10}$$

由式 (6.9) 和式 (6.10) 得

$$R_1 = \frac{U_{pp}}{I_{dref}} \tag{6.11}$$

6.1.2　两种 MF-SVQC 结构的性能与应用场合差异性对比

MF-SVQC-Ⅰ充分利用滤波电感和串联变压器的复用，具有控制灵活、结构简单的优点，可以较好地应用于中高压系统以及单相结构中。但是通过感性成分来限制短路故障，必将在故障期间产生一个逐渐衰减的故障电流分量，设计过程中需充分考虑滤波电感和串联变压器的磁饱和问题。MF-SVQC-Ⅱ结合了桥式限流器的优点，在利用滤波电感的同时，实现了储能型 SVQC 泄放支路的复用，故障期间不会产生直流偏置。而且若应用于三相共直流母线的储能型 SVQC 结构，只需要一组开关管断开直流母线后即可实现限流，结构上比 MF-SVQC-Ⅰ简单，利用率更高。两种方案的具体对比情况如表 6.1 所示。

表 6.1　MF-SVQC 典型方案对比

指标	MF-SVQC-Ⅰ	MF-SVQC-Ⅱ
应用场合	三单相独立型 SVQC，如中压级联型结构	共直流母线的储能型 SVQC，如三相四桥臂结构
直流偏置	中	小
结构复杂度	低	低
电流主动调节能力	高	高
IGBT 直通问题	有	无
响应速度	中	快

6.2　多功能电压质量控制器-Ⅱ优化运行技术

MF-SVQC-Ⅱ在不同模式切换过程中值得关注的是直流侧双向可控开关管 SW 与泄放支路二者开通/关断的协调配合问题(为了进一步提高经济性，选用晶闸管作为 SW)，这里有两个细节值得说明：

(1)泄放支路导通与 SW 关断之间的先后顺序问题。若泄放支路 T 的导通信号先于 SW 的关断信号，则极有可能形成 SVQC 直流侧向泄放支路流通的放电回路，具体如图 6.8(a)所示，从而使得 SW1 的关断失败。因此，必须在 SW 关断信号发出之后导通泄放支路。

(2)SW1 与 SW2 的关断机理。一旦检测到故障发生，大的故障电流激活 IGBT 的自保护，暂态过电流在 L_f 上产生的暂态电压将迫使 IGBT 关断后形成的不控整流桥流通，故障电流由 SW2 流向直流侧，具体如图 6.8(c)所示。这时若发出 SW 的关断信号，SW1 由于承受的单相电流可以直接关断，而 SW2 只能等到电流过零点才能关断。由图 6.8(d)可知，这时泄放支路 T 的导通将加快 L_f 能量的泄放，进而加快 SW2 的关断。总的来说，SW 关断信号与泄放支路导通信号之间的延时可以充分视 SW1 的关断速度而定。

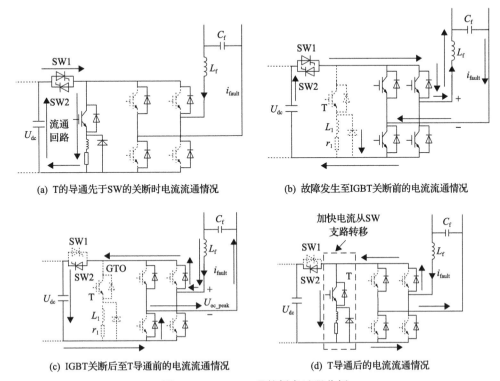

    (a) T的导通先于SW的关断时电流流通情况   (b) 故障发生至IGBT关断前的电流流通情况

    (c) IGBT关断后至T导通前的电流流通情况   (d) T导通后的电流流通情况

图 6.8 MF-SVQC-Ⅱ的暂态过程分析

基于以上分析，得到开关器件的导通时序如图 6.9 所示，设定短路故障发生于

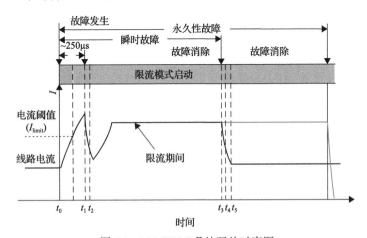

图 6.9 MF-SVQC-Ⅱ的开关时序图

t_0 时刻，在 t_1 时刻发出 IGBT 和 SW 的封锁信号，为了加快双向晶闸管的封锁，延时 Δt_1(2~3 个采样周期)后在 t_2 时刻导通 T，MF-SVQC-Ⅱ进入故障限流模式。

同理，设定瞬时性短路故障在 t_3 时刻消失，控制系统在 t_4 时刻关断 T，延时 Δt_1(2~3 个采样周期)后在 t_5 时刻发出 IGBT 和 SW 的导通信号，MF-SVQC-Ⅱ进入动态电压补偿模式。若系统发生永久性短路故障，则 MF-SVQC-Ⅱ被旁路开关旁路，整体退出运行。

通过功率器件开关时序的合理设计，实现了不同模式间的平滑切换，保证了限流过程动作的快速性，在有效限制过电流的同时减小对 SVQC 直流侧的影响。

6.3　仿真及实验分析

6.3.1　仿真分析

依据图 6.1 和表 6.2，搭建 PSCAD 仿真模型来验证 MF-SVQC-Ⅱ拓扑结构的有效性。设定 A 相和 B 相负荷侧在 1.300~1.400s 发生短路接地故障，故障电流快速上升。检测到过电流超过阈值，SVQC 快速封锁三相 IGBT，C 相旁路开关闭合。由图 6.10(b)可以看出故障相系统电压全部分担在串联变压器两端，并产生冲击电流，而非故障相的电压和电流基本不受影响。当 SW 关断、限流支路 T 导通后，故障电流很快被限制，从图 6.10(d)可以看出在整个暂态过程中直流电压没有太大幅度的变化。

表 6.2　MF-SVQC-Ⅱ仿真参数

参数名称	参数值
电网电压有效值 U_S	110V
线路电阻 R_S	1.21Ω
直流侧电压 U_{dc}	200V
直流侧电容 C_1	3000μF
滤波电感 L_f	1.5mH
滤波电容 C_f	27μF
变压器变比 k	1∶1
负载阻抗 Z_L	20+j5Ω
限流支路电阻 R_1	10Ω
限流支路电感 L_1	5mH

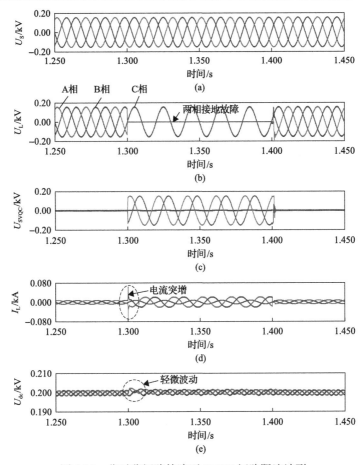

图 6.10　非对称短路故障下 SVQC 短路限流波形

I_L 为负载电流

下面对暂态过程进行详细分析，如图 6.11(b)所示，当故障发生在 T_1 时，故障相电流快速上升，直流侧有很轻微的下降。串联逆变器的 IGBT 在 T_2=1.350s 时刻关断，不控整流桥环节导通，SW1 立刻关断，从而直流侧电压有轻微抬升，具体如图 6.11(b)所示。控制系统在 T_3 时刻发出 T 的导通信号，从而加速 SW2 的关断，保证直流侧与 SVQC 串联变流器隔离开，SVQC 最终进入限流模式，不同器件导通时序如图 6.11(d)所示。尽管切换过程中对不同器件的导通/关断设置了延时，但正确的动作时序能使 SVQC 限流功能得以很好地实现。

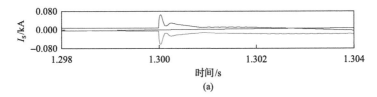

(a)

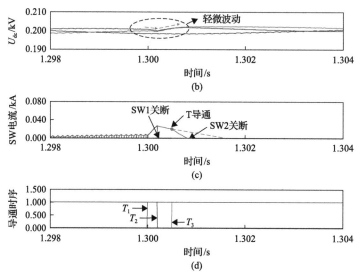

图 6.11　非对称短路故障下 SVQC 限流动作过程的暂态分析波形

I_S 为网侧电流

6.3.2　实验分析

依据图 6.2，搭建了 RT-LAB 硬件在环实验平台[3,4]，实验参数中系统额定电压为 380V，限流支路电阻和电感分别为 20Ω 和 1mH，直流侧电压为 800V，其他参数与 MF-SVQC-Ⅱ的仿真参数相同。

1) 三相对称短路故障限流实验验证

设定负载侧在 $t_1 \sim t_2$ 时间段发生三相对称短路故障。从图 6.12(a) 可以看出，

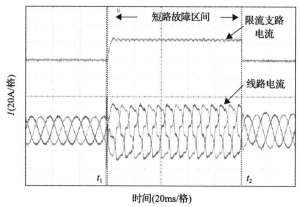

(a) 对称故障下线路电流和限流支路电流波形

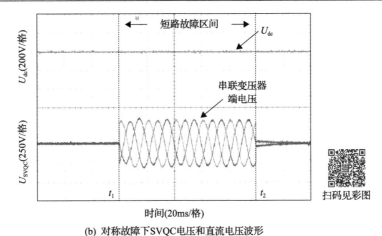

(b) 对称故障下 SVQC 电压和直流电压波形

图 6.12　三相对称短路故障 MF-SVQC-Ⅱ限流特性实验波形

由于设置 T 的导通信号晚于 SW 的关断信号，限流支路电流略滞后于线路电流。此外，由于直流侧开关管 SW 的关断，故障期间直流侧电压保持不变，线路过电流得到有效限制。

2) 三相不对称短路故障限流实验验证

设定负载侧在 $t_1 \sim t_2$ 时间段发生三相不对称短路故障，A 相和 B 相进入故障限流模式，C 相旁路开关动作，退出运行。故障期间，A 相和 B 相系统电压全部分担在 SVQC 的串联变压器两端，如图 6.13(b) 所示[5]。从图 6.13(a) 可以看出，C 相不受干扰仍保持正常运行，A 相和 B 相线路电流和限流支路电流控制在安全范围内。

对比两种工况下的实验结果可以看到，由于不对称故障时二极管导通的时间比三相对称故障时间要长，限流支路电流波形会呈现较大的脉动性，与理论分析结果保持一致。

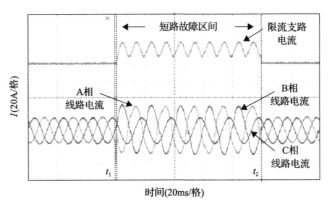

(a) 三相不对称故障下线路电流和限流支路电流

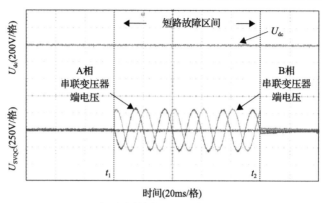

(b) 三相不对称故障下SVQC端电压和直流电压

图 6.13　三相不对称短路故障下 MF-SVQC-Ⅱ的限流特性实验波形

综上，MF-SVQC-Ⅰ和MF-SVQC-Ⅱ均能很好地实现电压补偿和故障限流功能，通过合理设计器件导通时序，保证不同模式间切换的暂态冲击最小。可根据场景需求和两种方案各自的特点，最终选择合适的兼有故障限流的新型SVQC 应用方案。

6.4　本 章 小 结

本章基于不同串联型电力电子设备运行特点，充分考虑 SVQC 在负载侧发生短路故障时的响应特征和拓扑演化情况，提出了 MF-SVQC-Ⅱ的典型拓扑及其运行方法，建立了故障限流模式下的电气模型，揭示了不同运行模式间的切换机理，给出系统不同功率器件的导通时序，通过滤波电感、串联变压器、不控整流桥等元器件的合理复用，实现负荷侧短路故障下 SVQC 的自我保护以及故障限流功能。所提结构设计简单，能够满足电网优质、高效发展的要求，一机多用，促进设备利用率的提高；提出 MF-SVQC-Ⅱ的等效模型以及器件导通时序，并指出在正切换过程中，为保证直流母线双向晶闸管的快速可靠关断，应当在 SW 关断与T 导通之间设置一个时间延迟，避免直流电容通过 SW 向泄放支路放能，造成 SW无法正常关断。

参 考 文 献

[1] 刘进. 谐波对继电保护影响的研究[D]. 天津: 天津理工大学, 2013.

[2] 姜飞. 新型电能质量调节与故障限流复合系统关键技术研究[D]. 长沙: 湖南大学, 2016.

[3] Jafarian H, Kim N, Parkhideh B. Decentralized control strategy for AC-stacked PV inverter architecture under grid background harmonics[J]. IEEE Journal of Emerging and Selected Topics in Power Electronics, 2018, 6(1): 84-94.

[4] 郭祺. 具备故障限流能力的新型动态电压恢复器优化运行与控制关键技术研究[D]. 长沙: 湖南大学, 2019.

[5] Tu C, Guo Q, Jiang F, et al. Analysis and control of bridge-type fault current limiter integrated with the dynamic voltage restorer[J]. International Journal of Electrical Power and Energy Systems, 2018, 95: 315-326.

第7章　多功能串联型电压质量控制器应用关键技术与工程示范

多功能串联型电压质量控制器(MF-SVQC)主要实现电压补偿和短路限流两种功能。本章首先将介绍 MF-SVQC 的限流滤波器的选型方法[1]；然后以南方电网公司某 110kV 变电站电能质量治理和故障限流的综合控制工程为背景，研制了 MF-SVQC 系统工程装置，并给出该装置的现场安装情况及试验方案。

7.1　多功能串联型电压质量控制器的关键参数选型

逆变器输出滤波器作为 MF-SVQC 的限流主体，无论是在电压补偿还是短路限流模式下都通过串入系统实现滤波以及限流的功能。滤波电容的存在使滤波器对某些高频谐波呈现容性阻抗，这使滤波器可能与线路发生高频串联谐振。因此，限流滤波器如何避免与输电线路发生高频串联谐振是 MF-SVQC 系统设计的关键难点之一。本节将详细分析 MF-SVQC 的工作原理，并在研究其限流滤波器与输电线路发生串联谐振的机理基础上，从抑制串联谐振角度给出一种限流滤波器的选型方法。

7.1.1　MF-SVQC 滤波器与线路串联谐振分析

1. MF-SVQC 基本原理

MF-SVQC 的拓扑结构如图 7.1 所示。三相 H 桥整流器通过滤波器电感 L_0 和并联变压器 T_s 与电网实现能量的交换。三个单相 H 桥逆变器与整流器共用直流储能电容 C_{dc}，每个 H 桥逆变器分别通过输出滤波器和串联变压器 T_1 串入系统。每个逆变器的端口均连接一组反并联晶闸管 D_1。其中，T_s 变比为 $n:1$，T_1 变比为 $k:1$。

MF-SVQC 的工作模式分为两种：电压补偿、短路限流。

当 MF-SVQC 工作在电压补偿模式下时，其单相等效电路图如图 7.2(a)所示，Z_s 为电源阻抗。晶闸管 D_1 处于关断状态，此时装置等效为串联型电压质量控制器。当电网电压跌落时，控制逆变器输出电压 U_{SVQC} 便可实现负载电压的动态补偿，同时该拓扑逆变器采用三单相结构，还可实现负载电压的分相补偿。

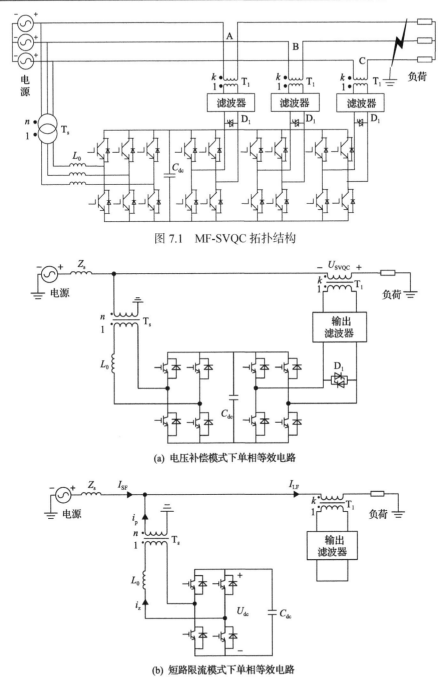

图 7.1　MF-SVQC 拓扑结构

(a) 电压补偿模式下单相等效电路

(b) 短路限流模式下单相等效电路

图 7.2　MF-SVQC 单相等效电路图

当 MF-SVQC 工作在短路限流模式下时, 其单相等效电路图如图 7.2(b)所示。当 MF-SVQC 检测到短路故障后迅速封锁逆变器 IGBT, 并经过死区延迟后导通相应的反并联晶闸管，使得逆变器退出运行，将逆变器输出滤波器串入系统实现短路限流的功能。逆变器退出运行后不与整流器发生能量的交换，PWM 整流器只需向直流侧补充电路工作的损耗即可维持直流侧电压 U_{dc} 的稳定，因此整流器交流侧电流 i_z 很小，可忽略不计，而逆变器和限流器可以看成两个独立的部分。同时，限流时流过变压器副边电容 C 的电流很小，可以将电容忽略，变压器副边可看作一个纯电感 L；且由于整流器交流侧电流 i_z 很小，可忽略并联变压器高压侧电流 i_p，即电网电流 I_{SF} 与负载电流 I_{LF} 相等。若将串联变压器副边阻抗折算到变压器原边，可得到限流模式时电网的单相等效电路，如图 7.3 所示。MF-SVQC 运行在限流模式时，电网中的电流为

$$I_{\mathrm{SF}} \approx I_{\mathrm{LF}} \approx \frac{U_{\mathrm{S}}}{Z_{\mathrm{s}} + k^2 \omega_0 L + Z_{\mathrm{Line}}} \tag{7.1}$$

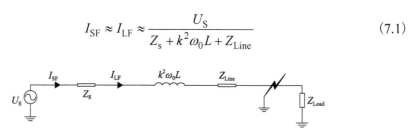

图 7.3　限流模式下系统单相等效电路图

U_{S} 为系统相电压；ω_0 为基波角频率；Z_{Line} 为线路阻抗；Z_{Load} 为负载等效阻抗

由于电源阻抗 Z_{s} 及线路阻抗 Z_{line} 相对于限流电感的等效阻抗 $k^2 \omega_0 L$ 来说都比较小，限流后系统中故障电流的大小主要取决于限流电感等效阻抗 $k^2 \omega_0 L$。通过合理设计串联变压器的变比 k 和滤波电感 L 值，可以将短路故障电流限制在期望水平，也易于实现与系统电流继电保护的配合。

由上面的分析可知，逆变器输出滤波器同时工作在 MF-SVQC 的两种运行模式下：电压补偿模式下，滤波器滤除逆变器输出的高频谐波毛刺；短路限流模式下，滤波器电感配合串联变压器将短路电流限制在期望水平。

2. LC 滤波器与输电线路串联谐振分析

MF-SVQC 中限流滤波器实际上为逆变器输出滤波器，LC 滤波器的系统等效分析模型如图 7.4 所示。本小节只讨论限流器与线路电感的串联支路，因此忽略线路分布电容。

由于电源等效阻抗 Z_{s} 很小可忽略，由图 7.4 可知系统等效阻抗为

$$Z_{\mathrm{eq1}} = \frac{k^2 \omega_{\mathrm{h}} L_1 + \omega_{\mathrm{h}} l_{\mathrm{Line}} L_0 - \omega_{\mathrm{h}}^3 L_1 l_{\mathrm{Line}} L_0 C}{1 - \omega_{\mathrm{h}}^2 L_1 C} \tag{7.2}$$

式中，ω_{h} 为谐波角频率。

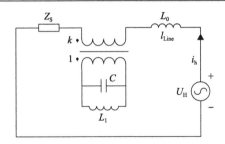

图 7.4　LC 滤波器等效分析模型

U_{H} 为负载谐波源；i_{h} 为谐波电流；L_0 为输电线路单位长度电感值；l_{Line} 为输电线路长度；
L_1 和 C 分别为滤波器电感和电容

LC 滤波器自身存在一个并联谐振频率，对频率低于并联谐振频率的谐波，LC 滤波器呈现感性阻抗；对频率高于并联谐振频率的谐波，LC 滤波器呈现容性阻抗。因为 LC 滤波器的并联谐振频率远高于基波频率，所以即使发生并联谐振，对系统影响也不大；但当 LC 滤波器呈现容性阻抗时，其与输电线路电感会存在高频串联谐振的可能，由式(7.2)可知，其串联谐振频率为

$$\omega_{\mathrm{series1}} = \sqrt{\frac{k^2 L_1 + l_{\mathrm{Line}} L_0}{L_1 l_{\mathrm{Line}} L_0 C}} \tag{7.3}$$

若系统发生高频串联谐振，较高次谐波在较长距离的输电线路中传输时将会发生谐波放大乃至谐波谐振等劣化问题。

3. LCL 滤波器与线路串联谐振分析

图 7.5 为 LCL 滤波器的系统等效分析模型。

为更好地比较 LC 滤波器与 LCL 滤波器的串联谐振抑制能力，应令

$$\begin{cases} L_1 = L_2 + L_3 \\ C = C_1 \end{cases} \tag{7.4}$$

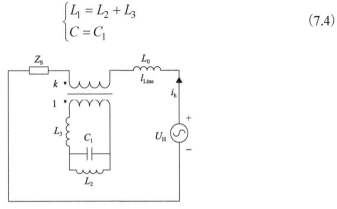

图 7.5　LCL 滤波器的系统等效分析模型

L_2 和 L_3 分别为 LCL 滤波器逆变器侧电感和网侧电感；C_1 为滤波器电容

忽略线路分布电容和电源阻抗后，系统等效阻抗为

$$Z_{\text{eq2}} = \frac{k^2\omega_{\text{h}}L_2 + \omega_{\text{h}}l_{\text{Line}}L_0 - \omega_{\text{h}}^3 L_2 l_{\text{Line}}L_0 C_1}{1 - \omega_{\text{h}}^2 L_2 C_1} + k^2\omega_{\text{h}}L_3 \qquad (7.5)$$

LCL 滤波器自身也存在一个并联谐振频率，其频率大小取决于逆变器侧电感与电容值，由式(7.5)可知系统串联谐振频率为

$$\omega_{\text{series2}} = \sqrt{\frac{k^2(L_2 + L_3) + l_{\text{Line}}L_0}{L_2(k^2 L_3 + l_{\text{Line}}L_0)C_1}} \qquad (7.6)$$

7.1.2　MF-SVQC 滤波器选型方法

1. 滤波器参数的确定

1) LC 滤波器参数的确定

滤波电感 L_1 的选取要满足限流的要求，即将短路电流限制在正常工作电流 I_{e} 的 m 倍以内

$$\frac{U_{\text{S}}}{k^2 2\pi f_0 L_1} \leqslant m I_{\text{e}} \qquad (7.7)$$

式中，f_0 为工频频率；m 根据实际情况取。同时还要满足滤波要求，即

$$L_1 \leqslant \frac{0.05 \times k^2 d(1+d)U_{\text{S}}}{\omega_0 I_{\text{L}}} \qquad (7.8)$$

式中，d 为电源电压波动率；I_{L} 为电感电流。

逆变器侧 LC 滤波器电容设计中，一般将在电容上产生的无功功率限制在系统额定功率的 5%以内，则电容范围为

$$C \leqslant 0.05 \times \frac{P_{\text{n}}}{3 U_{\text{c}}^2 \times \text{j}\omega_0} \qquad (7.9)$$

式中，U_{c} 为并网电压峰值；P_{n} 为系统额定功率。

2) LCL 滤波器参数的确定

LCL 滤波器电感的选取首先要满足限流要求，所以 $L_2 + L_3$ 的选取也要满足式(7.7)。L_2 根据补偿电流最大允许波纹条件取值。

$$\frac{U_{\text{dc}}T}{4\sqrt{3}\Delta i_{\text{max}}} \leqslant L_2 \leqslant \frac{U_{\text{c}} - U_{\text{i}}}{2\pi f_0 I_{\text{LP}}} \qquad (7.10)$$

式中，T 为控制开关周期；Δi_{max} 为最大电流纹波幅值；U_i 为逆变器输出电压；I_{LP} 为电感电流的峰值。同时，为提高拓扑的动态性能，L_3 的取值不宜太大。LCL 滤波器电容的选取与 LC 滤波器电容的选取一致。

2. 滤波器选型

由 7.1.1 节第 2 部分和第 3 部分分析可知，无论是 LC 滤波器还是 LCL 滤波器，都存在与输电线路发生串联谐振的可能。传统系统谐波以低频谐波为主，高频谐波因输出滤波器的高频滤波特性流入系统的含量很低，因此系统中频率越高的谐波含量越少，所以串联谐振频率的大小成了衡量两种输出滤波器串联谐振抑制能力的指标。因此有必要比较两类限流滤波器在同等参数下的串联谐振频率，联立式(7.3)、式(7.4)和式(7.6)有

$$\frac{\omega_{series1}}{\omega_{series2}} = \sqrt{\frac{L_2(k^2L_3+l_{Line}L_0)}{L_1l_{Line}L_0}} \tag{7.11}$$

由式(7.11)可知，二者串联谐振角频率之比与串联变压器变比 k、线路长度 l_{Line} 以及滤波器电感 L_0 的取值有关。由式(7.11)可知，当系统参数一定时，存在某一临界变比 k_{lim} 使得 $\omega_{series1}=\omega_{series2}$，则该临界值为

$$k_{lim} = \sqrt{\frac{l_{Line}L_0}{L_2}} \tag{7.12}$$

对实际串联变压器变比 k 与临界变比值 k_{lim} 进行比较，便可得出定参数下 LC 滤波器和 LCL 滤波器串联谐振抑制能力的优劣。

首先根据上述分析以及系统参数分别确定 LC 滤波器和 LCL 滤波器参数。在已知系统所有参数的情况下，由式(7.11)和式(7.12)可知，当实际串联变压器变比 $k>k_{lim}$ 时，有 $\omega_{series1}>\omega_{series2}$。而 k 与 k_{lim} 差值越大，则式(7.11)的值越大，两者在相同系统参数下的串联谐振频率差值越大。此种情况下应选择 LC 滤波器作为拓扑的限流滤波器，因为 LC 滤波器的串联谐振抑制能力要优于 LCL 滤波器，能够更有效地避免与线路发生高频串联谐振。当 $k<k_{lim}$ 时则反之，此时应选择 LCL 滤波器作为拓扑的限流滤波器。

7.1.3　仿真分析

1. 仿真参数

针对应用于 35kV 配电网系统的新型多功能串联型电压质量控制器，输电线路型号为 LGJ-185/30，仿真参数如表 7.1 所示。

表 7.1　先进串联型电压质量控制器仿真参数

参数名称	参数值
系统额定线电压	35kV
串联变压器变比 k	5 : 1
并联变压器原副边之比	22.5 : 1
整流器输出滤波电感 L_0	0.9mH
输电线路长度 l_{Line}	10km
输电线路单位长度电感 L_s	1.28mH/km
LC 滤波器电感 L_1	3mH
LCL 滤波器逆变侧电感 L_2	2.5mH
LCL 滤波器网侧电感 L_3	0.5mH
限流倍数 m	5

2. MF-SVQC 性能仿真

根据表 7.1 的参数，利用 PSCAD 仿真软件对第 5 章所提拓扑的电压补偿性能和短路限流性能分别进行仿真研究。

以三相电压对称跌落为例，对 MF-SVQC 的电压补偿性能进行仿真。如图 7.6(a) 所示，0.2～0.3s 时，系统发生三相电压对称跌落，故障后系统相电压幅值均跌落 7kV，电压相位不变。使用 MF-SVQC 进行治理后，负载电压基本保持稳定，同时负荷电流基本未发生变化，直流侧电压 U_{dc} 虽发生跌落但很快又达到稳定值附近。由仿真结果可知，当系统电压发生跌落后，MF-SVQC 能够及时抑制电压跌落，保持负载电压幅值和相位基本不变；同时 MF-SVQC 输出的补偿电压即串联变压器原边电压波形接近标准正弦；基本不会对电网造成谐波污染。

以三相对称接地短路为例，对 MF-SVQC 的短路限流性能进行仿真。如图 7.6(b) 所示，0.2s 时系统发生三相接地短路，故障后负载侧三相电压均为零，电源三相电压均不变，三相电源电压基本全部加在各相串联变压器两端。故障电流迅速增大，限流器三相均迅速动作切换到限流模式。系统正常运行状态下负荷电流峰值为 283.9A，限流后故障电流峰值为 1295.1A，约为正常负荷电流的 4.56 倍。限流器直流侧电压 U_{dc} 虽然发生短暂跌落，但很快又恢复到稳定值。

仿真结果表明，系统发生短路故障时，MF-SVQC 能够迅速切换到短路限流模式，将短路电流限制在期望水平，并实现与系统电流继电保护的配合，同时不会引起过电压现象。

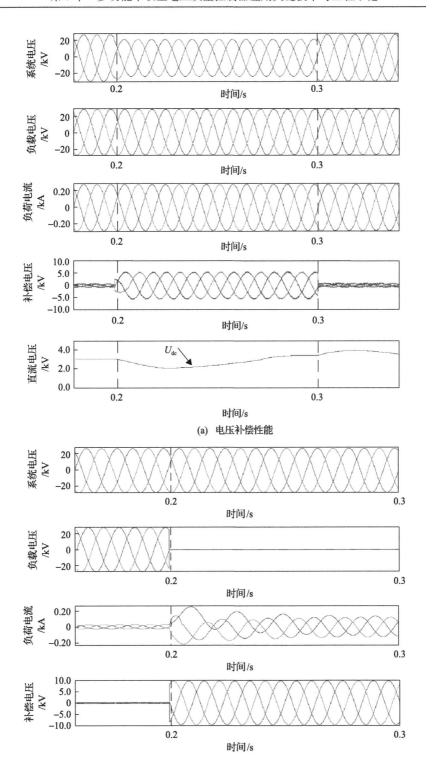

(a)　电压补偿性能

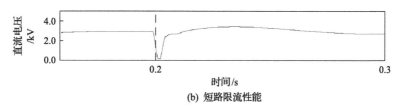

(b) 短路限流性能

图 7.6　MF-SVQC 性能仿真结果

3. 限流滤波器选型仿真

根据式(7.3)和式(7.6)及表 7.1 参数，利用 MATLAB 软件对限流滤波器选型方法进行仿真研究。如图 7.7 所示，分别给出 $k=1$、$k=5$、$k=10$ 时两种限流滤波器下系统串联谐振频率随线路长度变化的规律。根据表 7.1 的仿真参数以及式(7.12)可知，限流器串联变压器的临界变比 $k_{lim}=2.26$。

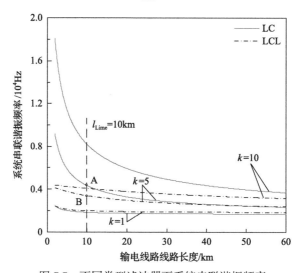

图 7.7　不同类型滤波器下系统串联谐振频率

由图 7.7 可知，当 $l_{Line}=10km$，$k=1<k_{lim}$ 时，LCL 滤波器的系统串联谐振频率要大于 LC 滤波器，即 LCL 滤波器的串联谐振抑制能力要优于 LC 滤波器；但当 $k=10>k_{lim}$ 时，二者谐振抑制能力发生了变化。本节仿真参数中，系统线路长度 $l_{Line}=10km$，变比仿真参数中，变比 $k=5>k_{lim}$。由前面分析可知，此时系统应选择 LC 滤波器作为限流滤波器。同时，由图 7.7 可知，选择 LCL 滤波器作为限流滤波器时，系统串联谐振频率明显小于选择 LC 滤波器下系统串联谐振频率，如果系统发生高频串联谐振，则有可能会造成一些含量较高的高频谐波电流放大，甚至谐振劣化；选择 LC 滤波器作为限流滤波器时，系统的串联谐振频率明显高于 LCL 滤波器下系统的串联谐振频率，这样系统更易躲过含量较高的高频谐波谐振。

仿真结果表明，本节所提限流滤波器选型方法能根据系统参数选出串联谐振抑制能力更强的限流滤波器，提高了 MF-SVQC 抑制串联谐振的能力。

7.2　多功能串联型电压质量控制器的工程范例

当电力系统运行在不同状态时，其对电能质量调节功能与短路故障限流功能的需求明显不同。因此，将 MF-SVQC 系统最终推向实用化，需紧密结合电网实际运行工况。基于以上事实，本节提出了新型电能质量调节与故障限流复合系统工程应用的基本原则，为 MF-SVQC 系统最终工程化提供理论指导。以某 110kV 变电站电能质量治理和故障限流的综合控制工程为背景，结合 MF-SVQC 系统的运行特点，本节给出了适用于该变电站的一种新型复合系统详细设计方案；阐述了电能质量调节与故障限流复合系统在工程应用时应解决的若干关键技术问题；成功研制了 MF-SVQC 系统工程装置，并详细介绍了该装置的现场安装情况及试验方案，以期证明该系统能够发挥改善电网电能质量、保障设备安全、降低电网投资成本的作用。

7.2.1　多功能串联型电压质量控制器的工程应用基本原则

电能质量调节装置与故障限流装置的功能显著不同，作为具有两种功能的 MF-SVQC 系统工程化必须紧密结合现场实际。在项目可行性分析阶段，首先进行工程现场的实际需求与运行环境分析，通过现场可采集数据分析与仿真软件分析相结合的方法，确定实际电压波动、谐波电流大小等电能质量问题及短路故障限流需求信息，为 MF-SVQC 系统的参数设计打好基础。因此，为保证 MF-SVQC 系统应用效果最佳及装置研发投资最少，在改善电网电能质量、保证电网运行安全的同时，又能减小对原有电网的负面影响，本节提出了电能质量调节与故障限流复合系统应用基本原则，详细阐述如下。

1. 基本原则 I：MF-SVQC 系统位置选择原则

电能质量治理装置[2,3]与故障限流装置[4,5]的功能存在巨大差异，因此，其安装要求也明显不同。近年来，随着配电网中不同电能质量问题的交互影响、电网参数对电能质量问题的劣化影响及串联型电能质量治理设备的增多，电力系统中同一节点可能同时需要短路故障电流限制、动态电压补偿功能。因此，可考虑安装 MF-SVQC 系统的情形如下：①需额外安装短路电流限制装置对原有串联型电能质量装置保护时；②安装价格较高的电力电子式限流装置，但设备可能长期闲置时；③减小用户侧线路故障及非线性负载对上游设备影响时。以上情形均可考虑安装具有电能质量治理功能及短路故障限流功能的 MF-SVQC 系统。

2. 基本原则Ⅱ：现场参数获取采用实测与仿真计算相结合原则

MF-SVQC 系统现场设计的前提是准确获取电网运行参数。当电网正常运行时，与电能质量问题相关的数据较易采集。然而，配电网不同地点出现短路故障时，短路故障电流大小及影响只能通过软件仿真的方式分析。此外，针对未投运的负荷或电网建设前期需要规划时，电能质量数据及短路故障电流数据仅能通过仿真手段或理论计算获得。为了确保 MF-SVQC 系统的参数设计尽量准确，本章提出了采用现场数据采集与仿真软件计算相结合的数据分析方法，力求使 MF-SVQC 的设计方法准确有效。

3. 基本原则Ⅲ：MF-SVQC 系统参数优化设计原则

MF-SVQC 系统作为一种串并联混合型复合装置，其参数设计可能对电网中其他设备产生影响[6]。例如，当配电网负载侧发生短路故障时，MF-SVQC 系统将运行在故障限流模式，限流后的故障电流大小需仍能满足原有电力系统继电保护整定值的要求；当 MF-SVQC 系统运行在模式切换时，应当考虑优化控制器策略，避免功能切换过程对电网的冲击。

4. 基本原则Ⅳ：MF-SVQC 系统自身故障风险消除原则

作为一种串并联混合型设备，MF-SVQC 系统的长期安全运行对电网的可靠高效十分重要。因此，进行 MF-SVQC 系统参数设计及装置研制时，均需考虑可靠性原则[7]。其主要表现在：MF-SVQC 系统的容量设计需考虑一定裕量，以确保电网负载结构变化时该设备仍然有效；IGBT、电容、电感等器件选型时，应当考虑充足的过电压、过电流能力；当 MF-SVQC 系统发生故障时，为减少其对电网的负面影响，应设计应急措施，快速将设备转为检修状态。

7.2.2 多功能串联型电压质量控制器样机的系统方案设计

1. 工程应用背景

1) 110kV 变电站基本情况介绍

某 110kV 变电站有 110kV 主变两台，本节选择其中一台作为研究对象，110kV #2 号主变的系统接线如图 7.8 所示。其中，#2 号主变的高压侧为变电站 110kV 进线；#2 号主变的中压侧接 35kV 母线，向 3 个 35kV 变电所供电；#2 号主变的低压侧为 10kV 母线，直接连接用户负载。

一方面，由于 MF-SVQC 系统主要目的是确保负载侧正常供电及减小负载侧故障对上游设备的影响；另一方面，考虑到电力电子型设备成本及器件过流能力，因此，本节提出的 MF-SVQC 系统主要应用于 10kV 电压等级。调研可知，110kV #2

号主变 10kV 侧短路容量为 141MV·A，短路阻抗为 0.78Ω；110kV #2 号主变 35kV
侧短路容量为 645MV·A，短路阻抗为 0.54Ω。

如图 7.8 所示，110kV #2 号主变低压侧向 10kV 母线供电，目前 10kV 母线共
有 5 条线路，分别为 10kV 中石化油库线、10kV 东田线、10kV 东紫线、10kV 大
商汇线、10kV 修造线。

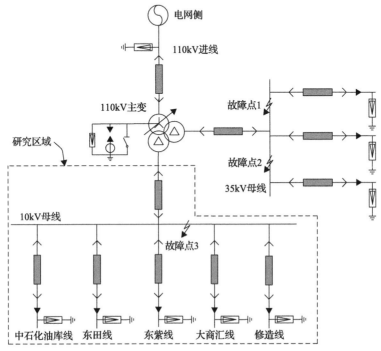

图 7.8   某 110kV 变电站#2 号主变系统接线图

2) 工程现场问题分析

(1) 10kV 母线电压短时波动分析。

在配电网中，由于电网故障或具有大启动电流的大容量负载投入运行可能造
成系统电压短时波动，进而可能导致暂时电压跌落、暂时电压抬升或电压中断，
会对各类(工业、商业、居民小区等)拥有敏感性设备的用户造成负面影响，应当
尽量避免这类情况。

以本节所提及的某 110kV 变电站为例。如图 7.9 所示，当电网侧电压在 0.50~
0.60s 时发生电压暂降，0.80~0.90s 之间发生电压暂升，将会造成 35kV、10kV 系
统母线电压相应暂升、暂降。可见，电源侧电压的波动将直接传播至负载侧，尤
其对末端负载的电压质量十分不利。

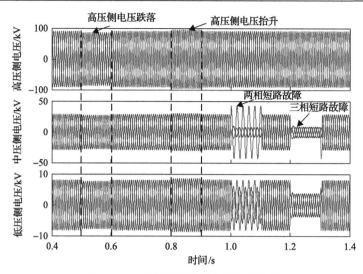

图 7.9　主变低压侧母线电压波动仿真

另外一种情况，如图 7.8 和图 7.9 所示，当 35kV 系统在故障点 1(1.0～1.1s)，发生两相短路故障时，将造成 10kV 母线两相电压严重跌落；当 35kV 系统在故障点 2(1.2～1.35s)，发生三相短路故障时，将造成 10kV 母线三相电压严重跌落。这类由于并联 35kV 系统故障所产生的电压跌落将严重影响 10kV 系统母线电压。

综上所述，为确保 10kV 系统各馈线供电电压的可靠性，应考虑在 #2 号主变低压侧与 10kV 母线间安装电压补偿装置，满足下游负载用户对电能质量的要求。

（2）10kV 母线故障分析。

据不完全统计，配电网中单相短路故障所占比例可以达到 80% 以上，而对于不接地系统，单相短路故障发生后电网仍可运行 1～2h，等待电力工作人员排除故障点。尽管两相短路故障、三相短路故障概率明显小于单相短路故障。但是，此类故障一旦发生，其产生的故障大电流将造成电网设备严重破坏。

由于电力系统中两相短路、三相短路等故障数据不易搜集，因此，本节依据仿真结果分析故障电流现象。如图 7.10 所示，若 10kV 系统母线在故障点 3 发生短路接地故障，主要分以下三种情况：

①负载侧在 1.5～1.6s 期间发生单相短路故障，如图 7.10 中区间 1 所示：10kV 系统故障相的电压急剧下降接近 0，非故障相电压上升为原来的 $\sqrt{3}$ 倍，虽然未有大短路故障电流出现，但是非故障相的用户侧负载可能由于供电电压上升而遭受冲击，严重时还将损坏电力设备。

②负载侧在 1.7～1.8s 期间发生两相相间短路故障，如图 7.10 中区间 2 所示：10kV 系统的三相电压出现不平衡，故障相电流峰值接近 10kA，严重危害配电网中的设备；110kV 系统高压侧出现不对称大电流，容易对#2 号主变产生危害。

③负载侧在 1.9～2.0s 期间发生三相短路故障，如图 7.10 中区间 3 所示：10kV 系统的三相电压稍微波动，但三相故障电流峰值超过 10kA，严重危害系统中所接设备；110kV 系统出现三相对称大电流，容易对#2 号主变产生危害。

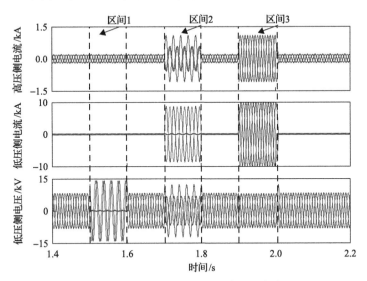

图 7.10　主变低压侧母线故障电流仿真

综上所述，当 10kV 系统发生单相短路故障时，需考虑在系统中安装电压调节系统确保非故障相电压稳定；当发生两相短路故障、三相短路故障时，需考虑在系统中安装故障限流器，限制迅速增大的故障电流。

2. 整体方案设计

依据上述的 110kV 变电站 10kV 系统对电压调节装置、故障电流限制装置的工程需求，本节提出了采用新型电能质量调节与故障限流复合系统，实现在不同电网运行状态下的功能需求。下面将基于该变电站现场运行参数，制订满足工程化要求的 MF-SVQC 系统整体方案。

1）额定电流计算

现场采集得到 110kV #2 号主变低压侧额定电压 U_S 为 10kV，由最大运行方式下系统负载容量 S_r 可得系统额定电流为

$$I_r = \frac{S_r}{\sqrt{3}U_S} \tag{7.13}$$

MF-SVQC 系统具有维持 110kV #2 号主变低压侧电压稳定的功能，本节设计 MF-SVQC 系统的理想电压跌落补偿幅度为 20%，考虑 1.5 倍的电压补偿能力裕量，则单相 MF-SVQC 系统输出到串联变压器一次侧的补偿电压为

$$U_{\text{SVQC}} = 1.5 \times (0.2 U_{\text{S}}) \tag{7.14}$$

考虑到串联变压器体积、成本等因素影响，初步选择串联变压器一次、二次侧电压变比为 2。

2）逆变侧功率单元设计

（1）正常运行模式下。

单相变流器的等效电路如图 7.11 所示。假设线路运行在最大负载电流 I_{Lmax} 状态下，MF-SVQC 输出电压在滤波电感上压降为补偿电压的 10%，则电感上电压降落有效值 U_{L} 为

$$U_{\text{L}} = 0.1 U_{\text{SVQC}} \tag{7.15}$$

若串联变压器一次侧补偿电压 U_{SVQC} 与负载电流 I_{L} 同相，电网仍需补偿 20%的电压，此时，MF-SVQC 输出的电压为

$$U_{\text{inv}} = U_{\text{L}} + U_{\text{SVQC}} / k \tag{7.16}$$

因此，MF-SVQC 系统的 MF-SVQC 直流侧电压应该满足：

$$\frac{m \cdot U_{\text{dc}}}{\sqrt{2}} \geqslant U_{\text{inv}} \tag{7.17}$$

式中，m 为变流器的调制比，取值为 0.95；U_{dc} 为 MF-SVQC 系统的直流侧电压。

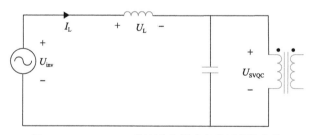

图 7.11　MF-SVQC 系统逆变侧功率单元等效电路

（2）线路短路模式下。

MF-SVQC 系统具有故障限流功能，考虑极端情况下，电源侧电压全部加在串联变压器的一次侧，串联变压器一二次侧匝数比为 2：1，此时，串联变压器二次侧最大电压为 $U_{\text{SVQC\_max}} = \sqrt{2} \times (U_{\text{S}} / \sqrt{3}) / 2$，考虑到单个功率子模块直流侧电容最大值为 $u_{\text{dci\_max}}$，则单相 MF-SVQC 系统的级联模块数为

$$N_2 = \text{floor}\left\{\frac{U_{\text{SVQC\_max}}}{u_{\text{dci\_max}}}\right\} \tag{7.18}$$

式中，"floor{}"表示上取整函数。

3) 逆变侧功率单元容量设计

理论额定补偿的总功率可计算为

$$S_{trans2} = I_{L\max\_2} \cdot U_{SVQC\_2} \tag{7.19}$$

式中，$I_{L\max\_2}$ 为最大运行方式下串联变压器二次侧电流；U_{SVQC_2} 为串联变压器二次侧补偿电压；S_{trans2} 为级联变压器的输出功率。

串联变流器功率为

$$S_{inv} = I_{L\max\_2} \cdot U_{inv} \tag{7.20}$$

工程中为确保串联变压器的安全，应设计一定裕量。

4) 直流侧电容设计

MF-SVQC 系统的直流部分与整流模块、逆变模块密切相关，不仅可以滤除直流侧纹波分量，还可以减小直流侧电压波动，进而降低逆变器输出电压、电流的畸变率。通常情况下，直流侧电容取值越大，其电压波动就越小。但经验表明：随着直流侧电容取值的增大，控制器惯性也将增大。工程设计中，假设 MF-SVQC 系统的整流模块输出直流部分的能量应该与逆变模块输出的最大能量相同，且允许直流侧电压最大纹波系数 $\sigma_V = 2.5\%$，则直流侧电容的计算公式可表示为

$$C_{dci} \geqslant \frac{S_{inv}/4}{2\omega\sigma_V U_{dc}^2} \tag{7.21}$$

5) LC 输出滤波器设计

为防止级联逆变模块的高次谐波注入串联变压器，降低对串联变压器容量的影响，需在 MF-SVQC 系统级联逆变器模块的输出侧设置滤波器，项目实际选取 LC 型滤波器。若 LC 滤波器的截止频率 $f_L = 1/(2\pi\sqrt{L_f C_f})$，则截止角频率为 $\omega_L = 2\pi f_L$，有

$$C_f = \frac{1}{(2\pi f_L)^2 L_f} = \frac{1}{\omega_L^2 L_f} \tag{7.22}$$

若级联逆变模块等效阻抗满足：

$$R_{inv} = n \cdot U_{dci}^2 / P_{inv} \tag{7.23}$$

式中，P_{inv} 为并联部分提供的有功功率。假设阻尼系数 $\rho = \sqrt{L_f C_f}$，一般工程上取 $\rho = \mu \cdot R_L$（R_L 为滤波器等效阻抗），其中 $\mu \in (0.5, 0.8)$，本书取 $\mu = 0.65$，有

$$\begin{cases} L_{\mathrm{f}} = \dfrac{\rho}{2\pi f_{\mathrm{L}}} \\[3mm] C_{\mathrm{f}} = \dfrac{L}{\rho^2} = \dfrac{1}{2\pi f_{\mathrm{L}}\rho} \end{cases} \tag{7.24}$$

式(7.24)中，取 f_{L}=1250Hz，即允许逆变器输出 25 次以上谐波，可分别求得 L_{f}、C_{f} 值。滤波电容的额定电流为

$$I_{\mathrm{Cf}} = \dfrac{U_{\mathrm{S}}}{\sqrt{3} \cdot k \cdot (1/\omega C_{\mathrm{f}})} \tag{7.25}$$

6）整流侧功率单元容量设计

考虑逆变侧采用四个功率单元，因此，整流侧需四个功率单元，连接方式如图 7.12 所示。整流侧功率单元的交流输出端通过滤波电感与并联变压器二次侧一个绕组相连，等效电路如图 7.13 所示，其中，i_{ab1} 为整流侧功率单元的交流输出端电流；L_{ab1} 为整流侧功率单元的交流输出端滤波电感。

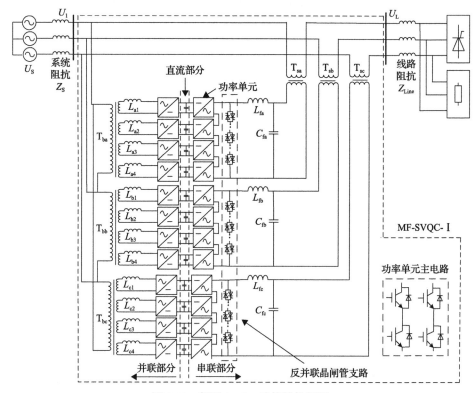

图 7.12　新型 SVQC 系统结构框图

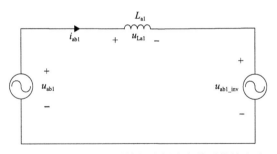

图 7.13　MF-SVQC 系统整流侧功率单元等效电路

在图 7.13 中，u_{ab1}、u_{La1}、u_{ab1_inv} 分别为并联变压器二次侧绕组电压、滤波电感的两端电压、整流桥的交流输出端电压，有如下关系式：

$$u_{ab1} = u_{La1} + u_{ab1\_inv} \tag{7.26}$$

其中

$$u_{La1} = \omega L_{a1} \cdot i_{ab1} \tag{7.27}$$

且 $u_{ab1\_inv} = \alpha U_{dc}/\sqrt{2}$，结合式 (7.26) 和式 (7.27) 可知，整流器交流侧能够输出的最大电流有效值为

$$I_{ab1\_max} = \frac{\sqrt{(\alpha U_{dc}/\sqrt{2})^2 - U_{ab1}^2}}{\omega L_{a1}} \tag{7.28}$$

如前所述，若维持直流侧电压稳定在 1100V[8]，当系统电源发生 20%抬升时，仍需保证并联部分整流模块正常运行，则：

$$U_{ab1\_inv} = \alpha U_{dc}/\sqrt{2} \geqslant 1.2 U_{ab1} = 1.2 U_{S}/k_{b} \tag{7.29}$$

进而可求得变压器变比 k_b 的最小值。

在系统电源发生 20%跌落时，整流器需从电源吸收有功功率维持直流侧电压恒定，由于电源侧电压 u_{ab1} 降低，整流器交流端电流 I_{ab1} 将增大。为了降低该电流对整流桥中开关器件的冲击，控制交流侧电流小于或等于 I_{max}，则

$$I_{ab1\_inv} = \frac{S_{inv}/4}{0.8 U_{ab1}} = \frac{S_{inv}/4}{0.8 U_{S}/k_{b}} \leqslant I_{max} \tag{7.30}$$

进而可求得 k_b 最大值。

7) 整流侧滤波电感设计

整流侧的滤波电感用来滤除并联变流器开关器件通断产生的高频毛刺，减小输出电流中纹波含量，一般允许电流纹波系数 σ_1 取值为额定峰值电流的 15%～20%，本节取 $\sigma_1 = 0.15$。纹波电流 ΔI_z 与交流输出瞬时电压 u_{oz}、占空比 $D(t)$ 及变流器开关频率 f_c 的关系可表示为

$$\Delta I_z = \frac{U_{dc} - u_{oz}(t)}{L_z} \cdot \frac{D(t)}{f_c} \tag{7.31}$$

由于并联部分各功率单元均采用正弦波等效 SPWM 控制，则开关的占空比为

$$D(t) = u_{oz}(t)/U_{dc} \tag{7.32}$$

当 $u_{oz}(t) = U_{dc}/2$，在其他参数不变时，I_z 中的纹波电流最大，即

$$\Delta I_{zmax} = \frac{U_{dc}}{4 L_{a1} f_c} \tag{7.33}$$

因此，可考虑滤波电感 L_{a1} 的取值满足如下条件：

$$L_{a1} \geqslant \frac{U_{dc}}{4 f_c \Delta I_{zmax}} = \frac{U_{dc}}{0.6 f_c I_{zmax}} \tag{7.34}$$

将式 (7.29) 代入式 (7.34) 可以得到：

$$k_b \geqslant \frac{U_S}{\sqrt{(\alpha U_{dc}/\sqrt{2})^2 - \left(\dfrac{\omega_0 U_{dc}}{0.6 f_c}\right)^2}} \tag{7.35}$$

由以上分析可知，当其他参数不变时，并联变压器变比 k_b 值越大，则整流器交流端的电流 I_{zmax} 也越大，因此，为降低其对整流桥中 IGBT 的冲击，应使变压器变比 k_b 尽可能小。将确定后的数值代入式 (7.28) 可计算出滤波电感 L_{a1} 的取值条件。若使所设计参数在系统电压跌落或升高 20% 时仍有效，即

$$L_{a1} < \frac{U_S}{k} \cdot \frac{\sqrt{(\alpha U_{dc}/\sqrt{2})^2 - (U_S/k_b)^2}}{\omega_0 P_D} \tag{7.36}$$

式中，P_D 为整流器输入功率。

8) 整流侧变压器容量设计

MF-SVQC 系统并联部分整流器的有功容量和电源电压有关，若忽略系统自身运行损耗，可知整流器的最大容量约为 P_D，得到单个 PWM 整流模块的最大容量为

$$P_\mathrm{p} = \frac{U_\mathrm{S}}{k_\mathrm{b}} \cdot \frac{\sqrt{U_\mathrm{ozm}^2 - (U_\mathrm{S}/k_\mathrm{b})^2}}{\omega_0 L_\mathrm{a1}} \tag{7.37}$$

并联变压器的容量至少要大于所有整流模块的最大容量，并且应保留一定裕量。

9) 启动电阻设计

当 MF-SVQC 系统并联部分启动前，各模块均处于初始状态，电压接近于 0，若合上 QS2，则可看作交流侧短路，并联变压器二次侧的功率单元将面临极大的浪涌电流和电磁应力，因此，工程中对功率模块保护十分重要。

MF-SVQC 系统启动过程中，各模块的 IGBT 均处于闭锁状态，电网侧电源通过各功率单元的二极管对直流侧电容进行充电，可看作不可控整流充电。整个充电过程中，所有模块的二极管通断状态一致，因此以 a 相为例进行说明，不可控整流充电示意如图 7.14 所示。

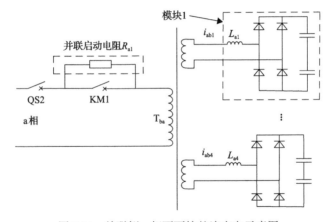

图 7.14　并联侧 a 相不可控整流充电示意图

MF-SVQC 系统的并联侧充电过程是一个不可控充电阶段，根据图 7.14 的等效电路，模块 1 允许的最大电流为

$$I_\mathrm{max\_ab1} = \frac{\sqrt{2}U_\mathrm{ab1}}{\sqrt{\left(\omega L - \dfrac{1}{\omega C}\right)^2}} \tag{7.38}$$

式中

$$U_\mathrm{ab1} = U_\mathrm{S} - R_\mathrm{a1}(4I_\mathrm{max\_ab1}/k_\mathrm{b}) \tag{7.39}$$

根据式(7.38)和式(7.39)，可得出并联启动电阻为

$$R_{a1} = \frac{U_S - I_{\text{max\_ab1}}\sqrt{(\omega L_{\text{fa}} - 1/\omega C_{\text{fa}})^2}/\sqrt{2}}{4I_{\text{max\_ab1}}} k_b \qquad (7.40)$$

此外，工程中考虑 1.5 倍裕量设计。

10) 串联变压器设计

串联变压器是逆变模块、限流支路与电网进行功率交换的关键部件，主要功能分为：连接 MF-SVQC 系统与线路；对 MF-SVQC 系统与交流系统进行电气隔离；缓冲雷击或操作过电压对逆变模块的冲击；降低逆变模块运行电压。串联变压器虽然与普通变压器结构相近，但由于其在电网正常运行模式、短路故障运行模式下均串联于线路中，因此设计上应当有特殊要求。

(1) 串联变压器短路阻抗设计。串联变压器长期串联在输电线路中，容易受系统电压、电流变化的影响。在选择串联变压器时应当综合考虑以下因素：

① 正常运行时串联变压器上的压降不能过大；

② 短路故障情况下串联变压器短路阻抗应具备一定限流能力。

可见，以上所提两者相互之间存在矛盾，较强的短路限流能力势必造成正常运行时串联变压器上压降过大(二次侧折算至一次侧的等效阻抗值过大)。因此，实际中我们应当结合变压器的体积、价格等因素综合考虑。

(2) 串联变压器绝缘水平设计。串联变压器的电网侧绕组长期串联接入线路，虽然正常运行时绕组两端的额定电压很小，然而短路故障情况下串联变压器网侧绕组两端将几乎承受全部电源电压，因此，串联变压器网侧绕组两端的绝缘水平应当按照故障时考虑。同时，串联变压器网侧绕组对地绝缘水平应当与所接入的电力系统线路绝缘水平相匹配。另外，串联变压器二次侧绕组两端及对地绝缘水平影响，应当按照降压后的绝缘水平考虑。

(3) 过励磁水平设计。串联变压器作为一种接入系统的串联设备，当系统突然发生短路故障时，其网侧绕组两端将承受较大冲击电压，容易导致变压器铁芯饱和，严重时势必损坏串联变压器及串联变流器。

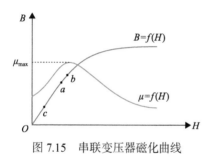

图 7.15　串联变压器磁化曲线

图 7.15 为串联变压器磁化曲线，其中，$B = f(H)$ 为磁化曲线，$\mu = f(H)$ 为磁导率曲线。在饱和点之后，随着外磁场 H 的增强，磁导率不增反降。因此，一般变压器选取磁密点为 b，较接近饱和磁密度点，主要是为了减小变压器的体积、降低成本。然而，本书取得磁密度点为 a，略低于常规变压器磁密点，以防止串联变压器过励磁。

11) 反并联晶闸管支路设计

反并联晶闸管支路运行特点为：系统正常运行时有电压、无电流，反并联晶闸管支路不导通，此时仅承受串联变压器二次侧电压。当系统发生短路故障时，立即触发反并联晶闸管导通信号，可实现在毫秒内导通：在触发导通前，反并联晶闸管两端可能承受较大电压，主要由系统过电压大小决定；当触发导通后，故障清除前，一直承受限流后的故障电流，而无电压存在。在工程设计中应考虑以下因素：

(1) 反并联晶闸管支路采用多个反向并联晶闸管相互串联组成，保证限流后的故障电流能够双向流通。

(2) 反并联晶闸管支路并联在串联变压器的二次侧，其额定电压和绝缘程度应当与串联变压器的二次侧绕组一致。

(3) 由于反并联晶闸管支路在故障清除前将一直导通，因此，需考虑冷却设备，本项目采用风强迫冷却方式。

(4) 反并联晶闸管支路是保证故障限流功能实现的关键，运行条件苛刻。由于工艺生产的精度，器件参数可能存在误差，因此在串联使用时，应当考虑设计缓冲电路。

如图 7.16 所示，其中 R_p 为静态均压电阻，R_1、C_1 分别为动态均压电阻和电容。由于反并联晶闸管支路采用了串联方案，因此，对串联方案下导通的一致性评价如下：一些故障可能导致串联多个反并联晶闸管支路中某些晶闸管不能正常导通，而在其他晶闸管支路正常导通时，串联变压器二次侧电压将全部加在故障晶闸管上。为避免此种情况出现，工程中选取的晶闸管内部集成了后备保护二极管，能够在晶闸管两端电压高于设定值时二极管导通补发触发信号，再次触发晶闸管，若晶闸管仍未导通，则触发异常报警信号退出 MF-SVQC 系统[9]。另外，对于串联方案下关断的一致性评价如下：一些故障也可能导致串联多个反并联晶闸管支路中某些晶闸管不能关断，此种情况通常出现在 MF-SVQC 系统由故障限流模式至电能质量调节模式(或正常运行模式)过程中，而在电网正常运行模式或电压补偿模式下，串联变压器二次侧电压较低，对于未及时关断的晶闸管影响较小，因此，实际工程中不存在问题。

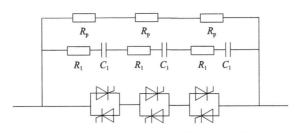

图 7.16　串联多个反并联晶闸管示意图

12）装置冷却系统设计

MF-SVQC 装置的核心单元为功率模块及限流模块。当装置运行在谐波治理、无功补偿、电压动态补偿时，功率单元运行将产生大量热量，导致装置温度上升，严重时可能损坏电力电子器件；当装置运行在故障限流模式时，限流模块将流通大电流，产生高热量，严重时可能损坏限流支路的晶闸管支路。因此，工程设计中，采用强迫风冷系统。

风冷系统一共为 8 组大功率风扇，运行原则如下：

（1）当装置运行在谐波治理、无功补偿、电压动态补偿时，启动 4 组风扇，2组辅助，2组备用；当装置运行在限流模式时，启动 6 组风扇，2 组备用。

（2）在未开启风冷系统时，装置不允许运行；运行中如全部冷却器突然异常停止运行，装置应立即退出运行。

（3）MF-SVQC 系统正常投运前 15min 应开启冷却器，正常停运后冷却器应继续运行半小时。

（4）冷却装置应由可靠的双电源供电，一路为正常工作电源，另一路为备用电源，分别取自站用配电室两路电源。两路电源均能送电，由冷却装置自行切换，确保一路电源有故障时，变压器冷却系统仍能正常运行。

（5）为保证冷却装置工作状态均衡，应按一定的编号顺序循环使用。日常对各冷却器"工作""备用"两种工作状态进行循环切换，并对每次切换过程做好记录。

7.2.3　多功能串联型电压质量控制器的现场应用情况

1. MF-SVQC 系统现场安装

MF-SVQC 系统应用于南方电网公司某 110kV 变电站的现场一次系统接线如图 7.17 所示。一方面，为了防止当 10kV 馈线或母线发生短路故障时，所造成的大电流对 110kV #2 号主变产生破坏；另一方面，治理电源侧电压波动对下游负载供电影响，并尽可能避免负载侧谐波对 110kV #2 号主变继电保护的影响。如图 7.17所示，MF-SVQC 系统安装在 110kV #2 号主变 10kV 侧与 10kV 母线之间，设备采用了一体化式集装箱技术，其中，一体化式集装箱内的设备只画了 A 相，B 相、C 相与 A 相结构完全相同，因此未画出。

MF-SVQC 系统的现场安装示意如图 7.18 所示。其中，将 PWM 整流器、串联变流器、反并联晶闸管支路安置于一体化式集装箱内部，提供了良好的运行环境；PWM 整流器通过并联变压器接在 #2 号主变低压侧；串联变压器置于一体化设备外部，便于运行人员对其巡检及维护，有利于减小设备体积；采用了干式电抗器，因此将 LC 滤波器置于一体化设备外部；同时设计了 8 组强迫风冷装置，以提高设备散热能力。

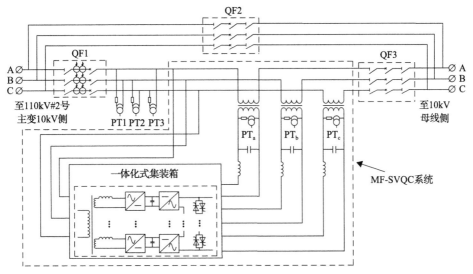

图 7.17　MF-SVQC 系统现场装置一次系统接线图

(a) 110kV 2#主变现场示意图

(b) MF-SVQC系统一体化集装箱现场示意图

图 7.18　MF-SVQC 系统现场实景安装图

2. 投运试验方案

为充分保障设备投运试验的安全性，且在不改变电力系统原有继电保护整定值的情况下，对 MF-SVQC 系统现场装置的电压补偿功能和故障限流功能拟采用人工接地短路装置实现(应考虑设备安全性及现场设备选型限制)。试验接线如图 7.19 所示，其中 DL1、DL2、DL3 为人工短路接地装置内部开关，R_1、R_2 为人工短路接地装置可调阻抗。

同时，为保证试验期间 110kV #2 号主变低压侧供电的可靠性，经与电网公司申请，将 35kV 母线、10kV 母线所带负荷由其他变电站转供，#2 号主变 10kV 中石化油库线、10kV 东紫线、10kV 东田线、10kV 大商汇线、10kV 修造线的出线开关断开，人工接地短路装置安装在 10kV 东紫线出口处。

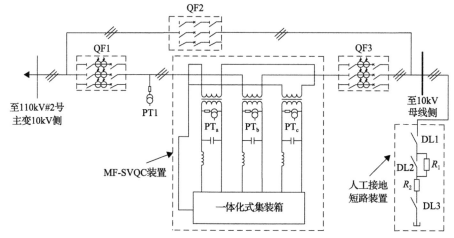

图 7.19　MF-SVQC 系统现场装置一次系统接线图

1) 保护功能试验

　　在电网正常运行状态下或故障运行状态下，MF-SVQC 系统由于某些原因产生故障时，其应立即从电网隔离，并发报警信号。MF-SVQC 系统自身故障的保护功能试验包括 IGBT 模块过温、直流侧电压过高、直流侧电压过低、装置输出电流过高、模块故障及其他故障类型等，如表 7.2 所示。

表 7.2　MF-SVQC 系统保护功能试验内容

故障类型	判断依据	故障处理
IGBT 模块过温	IGBT 模块温度继电器达到 105℃以上	QF1 与 QF3 跳闸，QF2 合闸，故障报警
直流侧电压过高	模块电压高于人机界面设定值预警值 1s	QF1 与 QF3 跳闸，QF2 合闸，故障报警
直流侧电压过低	模块电压低于人机界面设定值预警值 1s	QF1 与 QF3 跳闸，QF2 合闸，故障报警
装置输出电流过高	装置输出电流有效值高于人机界面设定值预警值 200ms	QF1 与 QF3 跳闸，QF2 合闸，故障报警
功率模块故障	任一模块发生元件故障、过温等故障	QF1 与 QF3 跳闸，QF2 合闸，故障报警
风机故障	检测风机开关	QF1 与 QF3 跳闸，QF2 合闸，故障报警
串口通信故障	读取故障信息	QF1 与 QF3 跳闸，QF2 合闸，故障报警
供电电源故障	DC220V 或 AC220V 断开	QF1 与 QF3 跳闸，QF2 合闸，故障报警
光纤环网故障	读取现场可编程门阵列(FPGA)故障信息	QF1 与 QF3 跳闸，QF2 合闸，故障报警
QF 故障	发出 QF1、QF2、QF3 断开指令，检测到 QF1、QF2、QF3 仍然闭合	QF1 与 QF3 跳闸，QF2 合闸，故障报警
KM 故障	发出闭合(断开)指令，检测到 KM 仍然断开(闭合)	QF1 与 QF3 跳闸，QF2 合闸，故障报警
急停故障	急停按钮被按下或收到远控急停命令	QF1 与 QF3 跳闸，QF2 合闸，故障报警

2) 电压补偿功能试验

现场电压补偿功能试验拟采用人工接地短路装置投切不同阻抗，通过改变负载阻抗大小模拟电压波动。实验方案如下：

(1) 调节人工可控短路装置 R_1 阻抗值为 30.4Ω(A、B、C 三相阻抗值相等)，R_2 阻抗值为 30.4Ω(A、B、C 三相阻抗值相等)。

(2) 启动 MF-SVQC 系统，合闸 QF1、QF3，分闸 QF2。

(3) 依次合闸 DL1、DL2、DL3，投入人工可控短路装置，负载电流理论计算为 190A。

(4) 控制分闸 DL2，负载电流由 190A 暂降至 95A，MF-SVQC 系统检测模块检测负载端电压暂降并实现自动补偿。

(5) 分闸 DL1、DL2、DL3，并退出 MF-SVQC 系统。

3) 三相不平衡试验

现场三相不平衡试验拟采用人工接地短路装置分相投切不同阻抗，通过分相改变负载侧阻抗大小模拟三相不平衡。实验方案如下：

(1) 调节人工可控短路装置 R_1 三相阻抗值为 15.2Ω、30.4Ω、45.6Ω(A、B、C 三相阻抗值不相等)，R_2 阻抗值为 30.4Ω(A、B、C 三相阻抗值相等)。

(2) 启动 MF-SVQC 系统，合闸 QF1、QF3，分闸 QF2。

(3) 依次合闸 DL1、DL2、DL3，投入人工可控短路装置，负载电流理论计算为 190A。

(4) 控制分闸 DL2，三相负载电流由平衡的 190A 暂降至 A 相 127A、B 相 95A、C 相 76A，MF-SVQC 系统检测模块检测三相不平衡电流并实现三相不平衡补偿。

(5) 分闸 DL1、DL2、DL3，并退出 MF-SVQC 系统。

4) 故障限流功能试验

故障限流功能试验拟采用人工接地短路装置投切不同阻抗，通过改变负载侧阻抗大小模拟故障电流的突变。实验方案如下：

(1) 调节人工可控短路装置 R_2 阻抗值为 9.324Ω(A、B、C 三相阻抗值相等)。

(2) 启动 MF-SVQC 系统，合闸 QF1、QF3，分闸 QF2。

(3) 依次合闸 DL1、DL2、DL3，投入人工可控短路装置，短路电流理论计算升至 600A。

(4) MF-SVQC 系统检测模块检测短路电流绝对值超过 500A，15ms 后进入动限流模式，持续 0.5s 后分闸 QF1 开关。

(5) 分闸 DL1、DL2、DL3，并退出 MF-SVQC 系统。

5）相关事项及保障措施

（1）MF-SVQC 系统的功能切换如第 5 章所述，其过程需要可靠、快速，否则 MF-SVQC 系统的功率模块可能因承受不了短路电流冲击而损坏。因此，为保证设备的安全，需重点检查各回路可靠、器件动作可靠、备用出口设置正确。

（2）若开关 QF1、QF2、QF3 投入过程中，该 110kV 变电站 #1 号主变故障，应当立即停止试验，改用 #1 号主变带负载运行。

（3）如果在短路故障试验期间，MF-SVQC 系统的 IGBT 模块或其他元器件损坏，MF-SVQC 系统必须无条件切除 QF1、QF2、QF3 开关，同时，在主控室需要有运行人员配合准备实施 QF1、QF2、QF3 紧急跳闸操作。

7.3　本章小结

本章节首先详细介绍了 MF-SVQC 的滤波器参数及其对系统的影响，提出的限流滤波器选型方法为串联型输出滤波器的选择提供了一定借鉴；其次，提出了 MF-SVQC 系统与电网保护之间的协同配合方法，保障了故障过电流的有效限制以及原有电网保护的可靠动作；最后，针对南方电网公司某 110kV 变电站 #2 号主变 10kV 侧电压调节与故障电流限制的共同控制需求，为该变电站设计了一种新型电能质量调节与故障限流复合系统方案，并对 MF-SVQC 系统工程化中若干关键问题进行了详细研究。

参 考 文 献

[1] 涂春鸣, 邓树, 郭成, 等. 新型多功能串联型电压质量控制器及其限流滤波器选型分析[J]. 电网技术, 2014, 38(6): 1634-1638.

[2] Ghazi R, Kamal H. Optimal size and placement of SVQC's in distribution system using simulated annealing (SA)[C]//18th International Conference and Exhibition on Electricity Distribution (CIRED), Turin, 2005.

[3] Jafarzadeh J, Haq M T, Mahaei M S, et al. Optimal placement of FACTS devices based on network security[C]//3rd International Conference on Computer Research and Development (ICCRD), Shanghai, 2011.

[4] Hyung-Chul J, Sung-Kwan J, Kisung L. Optimal placement of superconducting fault current limiters (SFCLs) for protection of an electric power system with distributed generations (DGs)[J]. IEEE Transactions on Applied Superconductivity, 2013, 23(3): 5600304.

[5] Alaraifi S, El Moursi M, Zeineldin H. Optimal allocation of HTS-FCL for power system security and stability enhancement[J]. IEEE Transactions on Power Systems, 2013, 28(24): 4701-4711.

[6] 唐君华, 涂春鸣, 姜飞, 等. 限流式动态电压恢复器及其参数设计[J]. 电力系统保护与控制, 2015, 43(24): 115-121.

[7] 张玉红, 张彦涛, 李付强, 等. 故障电流限制器参数选择的解析法研究[J]. 电工电能新技术, 2016, 35(2): 31-37.

[8] 杨金涛, 乐健, 杜旭, 等. 中压区域补偿型动态电压调节器设计[J]. 电力系统自动化, 2015, 39(21): 120-125.

[9] 中国南方电网超高压输电公司. 串联补偿工程现场技术[M]. 北京: 中国电力出版社, 2014.